BIBLIOTHÈQUE DES MERVEILLES

LA MIGRATION
DES OISEAUX

PAR

A. DE BREVANS

OUVRAGE

ILLUSTRÉ DE 89 VIGNETTES SUR BOIS

PAR RIOU ET A. MESNEL

ET ACCOMPAGNÉ D'UNE CARTE

PARIS

LIBRAIRIE HACHETTE ET Cⁱᵉ

79, BOULEVARD SAINT-GERMAIN, 79

BIBLIOTHÈQUE
DES MERVEILLES

PUBLIÉE SOUS LA DIRECTION

DE M. ÉDOUARD CHARTON

LA MIGRATION

DES OISEAUX

1025. — PARIS, IMPRIMERIE LAHURE

Rue de Fleurus, 9

LA MIGRATION
DES OISEAUX

PAR

A. DE BREVANS

DEUXIÈME ÉDITION

REVUE ET AUGMENTÉE

ILLUSTRÉE DE 91 VIGNETTES PAR RIOU ET A. MESNEL

ET ACCOMPAGNÉE D'UNE CARTE

PARIS

LIBRAIRIE HACHETTE ET Cⁱᵉ

79, BOULEVARD SAINT-GERMAIN, 79

1880

A TOUSSENEL

Maître,

Après la nature, notre reine souveraine, vous avez été le grand inspirateur de ce livre : Veuillez en agréer l'hommage.

A. de Brevans.

LA

MIGRATION DES OISEAUX

CHAPITRE PREMIER

INTRODUCTION

Ce n'est pas une des moindres curiosités ou des moindres merveilles de la nature que la translation bisannuelle du monde des oiseaux des contrées du Nord vers celle du Midi, et de celles-ci vers les premières. Certaines espèces parmi les quadrupèdes, les poissons et les insectes, sont aussi soumises à des migrations : mais l'universalité, on peut dire, et la régularité de ce double mouvement de va-et-vient chez les oiseaux, comme s'il était astreint aux oscillations d'une vaste pendule ; la puissance de locomotion qu'il suppose chez ces êtres, en apparence si frêles, pour accomplir leurs vastes parcours ; la sagacité qu'il implique pour prévoir les saisons, les conditions de l'atmosphère et la direction dans l'espace, étonnent l'imagination, et la surprise diminue à peine lorsqu'on cherche à approfondir les choses, à déterminer les causes, les lois, les péripéties de ce grand phénomène.

Ce qu'il y a de clair, tout d'abord, c'est qu'ils suivent le soleil, les heureux mortels ; échappant ainsi aux froidures et aux tristesses de l'hiver. — Ah ! si l'homme avait des ailes et pouvait se contenter de ce léger bagage, combien d'entre nous suivraient leur exemple !

*
* *

Le fait de la migration des oiseaux nous est révélé, au printemps et à l'automne, par les grands vols que nous voyons passer et se perdre à l'horizon, par tous les volatiles, souvent étrangers à la contrée, que nous rencontrons dans les bois, dans les champs, à des époques déterminées et qui, quelques jours après, ont tous disparu. Mais delà à savoir d'où ils viennent, où ils vont, quel mobile les pousse, il y a loin ! Il a fallu bien des observations ; il a fallu surtout que les com-

munications s'établissent entre les contrées les
plus éloignées, en un mot, que l'histoire naturelle ait eu le temps et la possibilité de se consti-
tuer, pour que nous arrivions à une connaissance
tant soit peu précise. Jusque-là et dans tous les

siècles passés, que de fables, que de
contes ont été émis sur ce sujet, comme
sur bien d'autres. En voyant les oiseaux
disparaître aux approches de l'hiver, on a supposé qu'ils se métamorphosaient en quelques
autres espèces animales, ou qu'ils se réfugiaient
dans des trous et s'y engourdissaient à la manière des loirs et des marmottes. Des charmantes hirondelles, les *filles de l'air* par excellence, on a osé dire qu'elles s'immergeaient dans

les marais et s'y enfouissaient dans la vase, comme
de hideux batraciens : donnant pour preuve à l'appui que des pêcheurs, en ayant ramené dans leurs
filets et les ayant mises à cuire avec d'autres captures, ranimées par la chaleur elles avaient repris

Les Filles de l'air.

leur vol. Et ce conte-bleu a eu tellement cours,
qu'il y a quelques années à peine, un journal sérieux de Paris le rapportait encore comme tout
récent. — *Risum teneatis!*

Or nous savons pertinemment aujourd'hui,

par les témoignages de nombreux voyageurs-explorateurs, que tandis que nous nous pressons autour de nos foyers, en hiver, l'hirondelle se chauffe gaiement au brillant soleil des oasis d'Afrique. Dès le milieu du siècle dernier, le naturaliste Adanson écrivait à Buffon que dans son long séjour au Sénégal, il avait toujours vu cet oiseau y arriver à l'époque où il quitte la France, et en partir au temps où il nous revient. D'autre part, son passage dans les contrées intermédiaires est constaté partout, comme nous le constatons nous-mêmes lorsque nous voyons les sujets de l'espèce se rassembler en foule pour se préparer au départ, puis disparaître pour repasser en octobre en rasant le sol d'un vol continu et en cinglant droit au Sud, ainsi qu'il sera dit en son lieu. Le continent africain est donc leur lieu de station hivernale, comme l'Europe est leur point de station estivale. Et ainsi des autres oiseaux qui, purement et simplement, changent de climats, grâce aux moyens de locomotion dont la nature les a pourvus, et plus ou moins au loin, selon leur tempérament et leurs conditions d'existence.

LA MIGRATION DES OISEAUX.

*
* *

Les contes fantastiques du passé ont eu, sans
doute, pour origine le manque d'observations
suivies et généralisées, ainsi que l'ignorance des
faits et gestes des oiseaux par la rareté des communications sur la surface du globe ; mais bien
aussi la difficulté pour l'esprit humain de se rendre compte des moyens d'action qui leur sont
dévolus pour accomplir de si longs voyages.
L'homme moderne a, comme moyens de locomotion, la vapeur, les navires ; comme direction,
la boussole, le calcul sidéral, la topographie ;
comme connaissance du temps, le calendrier, le
chronomètre ; comme prévision de l'état de l'atmosphère, le baromètre, le thermomètre, l'hygro-
mètre et les observations météorologiques : autant
de moyens factices, produit de la science, qui
s'ajoutent à ceux qui lui sont naturels et qui les
centuplent. L'oiseau n'a que ces derniers ; mais
portés à une puissance dont nous ne pouvons
nous faire idée à première vue. Il importera donc,
pour se rendre compte de la migration, qu'après
en avoir déterminé les causes et les motifs, on en
pose la possibilité, la facilité même, pour les
oiseaux. Le travail est facile ; car la science est

faite sur ce point : Notre grand naturaliste Buffon en a lui-même tracé les bases dans son excellent *Discours sur la nature des oiseaux*, et il n'y a qu'à les rappeler.

Il y développe longuement la nécessité de l'étude de cette phase importante de la vie des êtres volatiles, comme complément de l'histoire naturelle ; par cette raison que tant que nous ne connaîtrons pas leurs agissements dans cette période, nous ne saurons d'eux que la moitié de leur existence ; et il s'était promis d'y consacrer un traité spécial ; mais là comme dans l'exécution de son vaste plan de l'histoire entière du règne animal, le temps lui a fait défaut. Il est douteux, d'ailleurs, que dans l'état des connaissances d'alors et la difficulté des communications sur une assez vaste étendue, il eût pu y apporter d'autres lumières précises que celles de sa grande intuition des choses de la nature. Lui-même le reconnaît par cette réflexion d'un sens plus général, mais aussi modeste que vrai : « *Ce n'est qu'avec le temps, et je puis dire dans la suite des siècles, qu'on pourra donner une histoire complète des oiseaux.* » — Il n'y a donc pas à critiquer quelques incertitudes ou erreurs de son œuvre ; mais à suivre son exemple en rassemblant, en précisant, en développant, les notions acquises au temps présent. C'est le but de ce livre, qui laissera encore une large marge aux explorateurs de l'avenir; car bon gré mal gré, nombre de points resteront encore dans la pénombre.

Depuis Buffon, et, pour une bonne part, à l'aide de ses données plus certaines, les observations se sont multipliées en raison de l'activité des esprits dans toutes les branches de l'histoire naturelle et des relations sans cesse croissantes entre les contrées de notre globe. Olivier de Serres, Frédéric Cuvier, Dupont de Nemours se sont occupés de la question; mais Toussenel, un chasseur naturaliste, qui a puisé ses connaissances sur le vif tout autant que dans la science, a jeté un grand jour sur la migration dans son livre du *Monde des oiseaux*, aussi charmant et humouristique dans la forme que savant et judicieux dans le fond ; et on peut dire qu'à lui seul il a formulé le second pas dans cette étude.

Comme cet excellent ami des bêtes et des gens, et le mien personnel à ce double titre, j'ai beaucoup couru les champs et les bois dans mon jeune âge, et je les cours encore avec grand enchantement, chassant et pourchassant la gent volatile, et par conséquent obligé, autant que désireux, de m'enquérir de ses faits et gestes. J'en avais rapporté un contingent d'observations, lorsque sen-

tant l'insuffisance de l'appréciation individuelle
et forcément locale sur un fait d'une si vaste étendue — aucun observateur n'ayant le don d'ubi-
quité — l'idée me vint d'ouvrir, en quelque
sorte, un observatoire général et permanent. Le
journal *La Chasse Illustrée*, qui me fait l'honneur
de me compter au nombre de ses collaborateurs,
m'en offrait l'occasion et le moyen. Je conviai tous
ses lecteurs de bon vouloir à une collaboration
commune, les priant d'envoyer à ce bureau cen-
tral des bulletins détaillés de la migration de leur
région, comprenant le commencement et la fin
des passages, leur direction et leur intensité,
l'état atmosphérique, la direction du vent, le degré de température, et tous les renseignements
particuliers qu'ils pourraient recueillir.

L'attrait du sujet en lui-même, par ce temps
d'investigations et de recherches de connaissances
positives en toutes directions, la certitude que
dorénavant les observations individuelles auraient
leur organe et leur utilisation, eurent assez d'action pour qu'un certain nombre de correspondants
répondissent à cet appel et voulussent bien envoyer, de points forts divers, des communications
fréquentes et suivies. Il est résulté de ces docu-
ments, pris sur nature, un ensemble de notions
plus précises et dont quelques-unes ont le mérite

d'une complète originalité. C'est l'occasion de féliciter et de remercier ici même ces honorables collaborateurs, dont les noms et les avis seront souvent cités comme autorités et références.

Telles sont les bases de ce travail qui réunira, dans une étude spéciale, les connaissances acquises précédemment et celles recueillies à ce jour sur la migration des oiseaux.

*
* *

Une dernière considération est nécessaire. Les migrations des mêmes espèces varient naturellement de date selon la latitude des lieux ; on pourrait dire plus exactement, suivant leur ligne isothermique ; par la raison bien simple que quelle que soit la vélocité des oiseaux, il leur faut un temps pour franchir les espaces, surtout en tenant compte des stationnements sinon constants du moins habituels. Il convient donc de fixer la ligne à laquelle se rapportent les indications données, sous peine de manquer de précision. Cette ligne ou cette zone, pour prendre une marge suffisante, sera comprise entre le quarante-sixième et le cinquantième parallèle Nord, ce qu'on peut appeler la zone de Paris ; et, pour restreindre le sujet à ses données les plus certaines, il sera

surtout fait mention des espèces principales et
les plus intéressantes des oiseaux d'Europe, qui
se voient communément entre les Alpes et l'Océan
Atlantique.

Enfin, aucun homme, quelque nomade qu'ait
été son existence, n'étant assez cosmopolite pour
que ses idées, ses connaissances, ces apprécia-
tions et ses observations n'aient, pour ainsi dire,
un *goût de terroir*, le cachet de la contrée où
il a passé sa jeunesse et la plus grande part de sa
vie active, forcément mes propres considérations
auront surtout pour point de départ ce qui se
passe dans l'Est de la France, mon pays natal;
bien que je sache et que je doive même prévenir
le lecteur que dans le monde des oiseaux, comme
dans celui des humains, les us et coutumes changent ou se modifient selon les lieux, d'après l'a-
dage : *autre pays, autres mœurs!*

CHAPITRE II

MIGRATION GÉNÉRALE

Les oiseaux font leur nourriture, pour l'universalité des espèces, d'abord des insectes et des vers, ensuite des graines, des fruits et des plantes elles-mêmes ; et quelques-uns des oiseaux ou autres animaux vivants et morts. Pour leur part, dans l'ordre général de la nature, ils remplissent la fonction de compensateurs ou d'éliminateurs de l'exubérance vitale, semée avec une si grande profusion sur la surface de la terre pour assurer la persistance des races, et d'expurgateurs des détritus insolubles et nuisibles, en accomplissant la grande loi de la sustention de la vie par son propre ressort, selon un orbe de circulation qui part du sol et qui y retourne.

On conçoit, dès lors, que la généralité des oiseaux serait condamnée à périr de faim, lorsque les contrées septentrionales sont dépourvues d'insectes et de vers, dans l'atmosphère refroidi, sur le sol couvert de neige et dans les eaux prises par les glaces ; que le règne végétal a achevé son évolution annuelle ; que les bestioles ont disparu ou se sont enfouies. Il aurait fallu, pour qu'il en fût autrement, qu'ils eussent, comme les animaux à sang froid, la faculté de s'enfouir et de s'engourdir, ainsi qu'on l'a supposé dans le passé ; mais la chaleur du sang, qui est un complément de leur existence aérienne, y met obstacle ; ou qu'ils puissent passer une longue période dans le jeûne et l'abstinence, ce qui serait à l'inverse de l'ordre physique où toute force active exige une alimentation proportionnelle. Si quelques espèces et quelques individus isolés résistent et demeurent sous les froids climats, de plein gré ou forcément, c'est qu'ils trouvent à glaner un reste de nourriture qui serait insuffisant pour la masse ; et encore bien des privations, bien des angoisses sont leur partage. La preuve en est qu'on ne les retrouve pas plus nombreux ni en meilleur embonpoint, à la fin de l'hiver, que ceux qui nous reviennent après avoir subi les fatigues d'un long voyage, et qu'ils sont réduits souvent à venir chercher à nos portes un peu de nourriture.

Un parti, donc, leur restait à prendre : émigrer

en masse vers de plus chaudes contrées où toute
vie n'a point cessé. La nature leur en a donné le
moyen, et ils en profitent.

La subsistance ! telle est donc la cause première
de la migration des oiseaux. Sans aucun doute,
l'abaissement de la température n'est pas insen-
sible à leur constitution nerveuse et impression-
nable; néanmoins, chaudement vêtus pour la plupart, ils le supportent jusqu'à un certain degré,
pourvu qu'ils aient le vivre; mais ils ne s'y expo-
sent point de gaieté de cœur, et la chaleur est
leur vrai milieu. Dans mon enfance, j'avais une
passion pour les charmants petits cinis ou serins
d'Europe. Comme il m'était pénible de les voir
perpétuellement enfermés dans une cage étroite,
je leur donnais souvent la liberté. Je dus y re-
noncer par les froids vifs : leur première impul-
sion était de voler droit au foyer où ils se gril-
laient les pattes, indifférents à la souffrance, tant
ils étaient charmés de sentir une chaude température.

Le froid n'est en réalité qu'un point secondaire
par rapport à eux ; bien qu'il soit le premier en
ce qu'il détermine le précédent. L'une et l'autre
causes, en tout cas, étant simultanées, sont largement suffisantes pour motiver la migration et il
est inutile de chercher ailleurs. C'est pour la gé-

néralité des oiseaux une question de vie ou de mort.

* *

Les oiseaux d'Europe, en comprenant sous ce nom tous ceux qui nichent plus ou moins dans

Perdrix.

notre continent, s'élèvent à environ cinq cents espèces. Sur ce nombre, tout au plus trente ou quarante, telles que les perdrix, le moineau franc, etc., sont sédentaires et demeurent à poste fixe sur les lieux qui les ont vu naître. Toutes les autres émigrent plus ou moins au Sud : les unes se contentant de la limite des grands froids, les autres gagnant les contrées plus tempérées du midi de

l'Europe ou celles plus chaudes de l'Afrique sep-
tentrionale ; d'autres, enfin, s'avançant jusque sous
les tropiques ou n'hésitant pas à franchir l'équateur pour retrouver dans l'hémisphère austral un

Moineaux francs.

climat analogue à celui qu'elles viennent de quitter. On a l'indication de ces divers parcours par
des observations suivies et bien déterminées aujourd'hui, comme on l'a déjà vu pour l'hirondelle,
et, spécialement pour la transmigration équato-

riale, par la présence de nombre de nos espèces
d'Europe dans l'autre hémisphère ; ensuite par
quelques faits particuliers, notamment celui-ci :
vers 1820, un naturaliste de Bâle, voyant une cigogne de passage qui portait un trait par le travers du corps, ne put résister à la curiosité de
savoir ce que pouvait être ce phénomène anormal
et tua l'oiseau. Ce trait n'était autre qu'une flèche
qui fut reconnue comme particulière aux peu-
plades sauvages qui habitent les contrées voisines
du Cap de Bonne-Espérance. Ainsi cette cigogne
avait été blessée dans ces parages, et, néanmoins,
grâce à sa puissance de locomotion, elle avait pu
accomplir un immense trajet malgré sa blessure
et l'obstacle de la flèche.

Cette même simultanéité de présence de quelques-unes de nos espèces sur le continent américain a fait qu'on s'est demandé si les mieux doués
comme vol ne pouvaient point passer directement
de l'un à l'autre des deux continents, soit des
côtes de France, d'Espagne ou d'Afrique, et réciproquement.

La grande Frégate, le maître-voilier parmi les
oiseaux, le petit Pétrel ou l'oiseau des tempêtes,
se rencontrent en plein océan : d'où l'on peut
conclure qu'il ne leur coûterait pas plus d'effort
de traverser l'espace entier que de retourner à

La Frégate.

leur point de départ. Le naturaliste Cotesby rapporte avoir vu également un hibou, tout à fait en

Pétrels.

haute mer. Mais un vol de douze cents lieues
d'une traite va au delà de notre imagination, et,

en attendant des preuves positives, il est plus naturel de penser que les espèces communes à l'ancien et au nouveau monde ont passé ou passent
de l'un à l'autre par le Nord, là ou les terres
se rapprochent, au point de se toucher presque
au détroit de Bering.

L'homme, attaché à la terre et ne pouvant quitter sa surface par ses moyens naturels, a bien
trop de peine à concevoir ces grands parcours
aériens et la merveilleuse faculté de direction
qu'ils impliquent, pour qu'il ne lui soit pas nécessaire de s'en rendre un compte exact. L'examen
rapide de l'organisme de ces êtres, si frêles et si
puissants, néanmoins, nous donnera le mot de
l'énigme.

*
* *

La puissance du vol des oiseaux, leur facilité
d'évolutions, nous apparaissent chaque jour. Les
Martinets de nos cités que nous voyons, le soir,
prendre leurs ébats par familles et décrire de
grands et rapides circuits, passent comme des
traits ; à peine pouvons-nous distinguer leur forme.
L'alouette mignonne, tout en chantant sa joyeuse
chanson, monte, monte dans le ciel et disparaît
à nos yeux. Elle s'élève ainsi à près d'un kilo-

mètre, toujours chantant à pleine poitrine, et sa voix nous arrive encore claire et distincte à l'oreille. Le pigeon messager, si fort de mode aujourd'hui, fait de vingt à trente lieues à l'heure, dans ses grandes courses, etc., etc.

C'est que le vol est l'attribut par excellence de l'oiseau qui doit, dans ses types les plus caractéristiques, parcourir l'atmosphère et y remplir sa mission. La nature a concentré dans cette faculté toute son action. Elle a construit le volatile en taille-vent, ou pour mieux dire en plan horizontal comme notre cerf-volant ; de telle sorte, qu'il n'a besoin que d'un minime effort pour prendre son point d'appui sur l'air, quelque mobile et peu résistant que soit ce fluide, et que toute sa puissance reste libre pour l'évolution. Sa légèreté spécifique, c'est-à-dire son poids par rapport à son volume, est sans proportion avec celle de tous les autres animaux, car l'épaisse toison de plumes qui constitue la majeure partie de ce volume n'a qu'une pesanteur infime : d'autre part, sa charpente osseuse, très résistante néanmoins, est réduite à sa plus simple expression, à des lamelles ou à de légers tubes creux ; ses muscles, strictement économisés n'ont de développement que sur la poitrine, centre d'action des ailes, où ils représentent un volume plus considérable que ceux de tout le reste du corps pris ensemble. Sa respiration est double; ce qui explique chez un grand nombre l'action simultanée du vol et du chant. Enfin, la chaleur de son sang est le foyer indispensable de sa vélocité.

Quant à l'application de cette force mécanique, elle n'est pas moins judicieusement combinée. Elle repose sur la forme elliptique très allongée du corps et le plan horizontal, en quelque sorte rectiligne, des ailes, qui offrent le moins de résistance possible au milieu ambiant, c'est-à-dire à l'air; sur la conformation de ces dernières, rames ou voiles motrices, à la fois résistantes et souples, dont les surfaces inférieures disposées en courbes hélicoïdales, multiplient les points d'appui et décrivent, dans leur double mouvement de haut en bas et d'avant en arrière, deux spires de propulsion rassemblant la force et la convergeant dans l'axe général; sur la mobilité du centre de gravité, soit latéralement pour le maintien de l'équilibre, par la souplesse des articulations qui unissent les ailes au corps, soit longitudinalement pour le mouvement ascensionnel et descensionnel, par l'allongement ou le retrait du cou et la position en avant ou en arrière des ailes; et, finalement sur la queue, gouvernail pivotant à effet multiple et circulaire.

De toutes ces actions réunies, résulte la force

et l'aisance de propulsion que nous constatons et que quelques naturalistes estiment à quatre-vingts lieues à l'heure pour les plus fins voiliers, comme le Martinet en plein essor, et qu'on évalue commu-

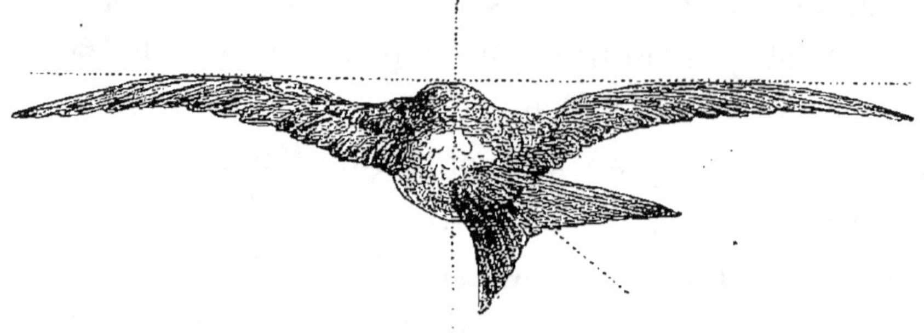

Gouvernail de l'oiseau.

nément de quinze à vingt lieues, pour toutes les espèces bien douées, dans les grandes excursions. Buffon cite à l'appui deux exemples devenus légendaires : le faucon d'Henry II qui, s'étant emporte après une outarde canepetière à Fontainebleau, fut pris le lendemain à Malte et reconnu à son collier ; celui envoyé au duc de Lerme, des îles Canaries, et qui revint en seize heures, d'Andalousie à Ténériffe ; ce qui ferait, pour un trajet de deux-cent-cinquante lieues en ligne droite, près de seize lieues à l'heure.

À cette rapidité, souvent vertigineuse, il fallait, sous peine de mésaventures perpétuelles, un guide

sûr et certain ; c'est-à-dire une vue rapide, péné-
tranle dans ses impressions. La nature n'a point
omis d'y pourvoir.
L'œil de l'oiseau, pro-
portionnellement au
volume de la têle, est
grand et largement
ouvert. Indépendam-
ment des deux pau-
pières qui fonc-
tionnent verticale-
ment, une troisième,
située en - dessous,
dans le grand angle
de l'organe, se meut
transversalement :
semi-diaphane, son
office est d'atténuer
l'intensité de la lu-
mière dans les mo-
ments de repos, et
de polir, de lubré-
fier constamment la
cornée pour la dé-

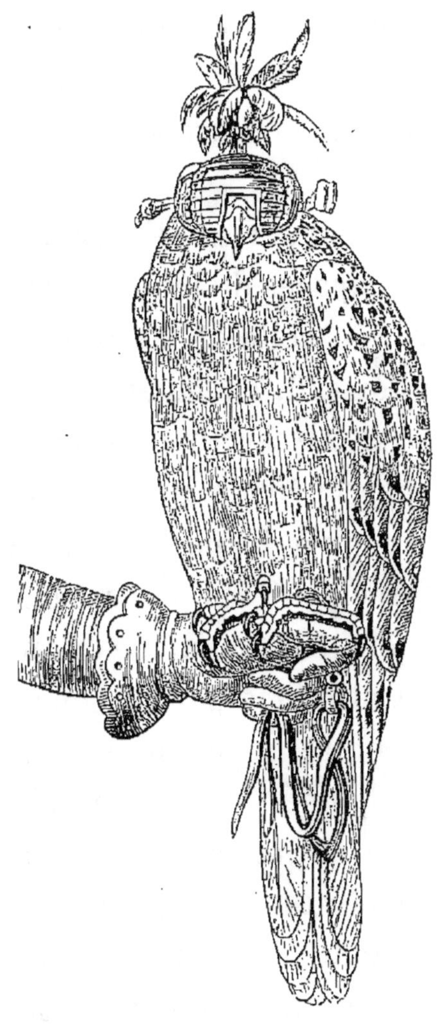

Faucon de Henri II.

licatesse de la vision. Une quatrième membrane
supplémentaire placée au fond de l'œil, paraît être
un épanouissement du nerf optique développant la

puissance des impressions. Le globe lui-même est doué d'une certaine élasticité qui lui permet de se bomber ou de s'aplatir selon le besoin ; de telle sorte que l'oiseau est, à son gré, myope ou presbyte, pour voir de près ou de loin ; ce qui revient à dire qu'il porte avec lui son microscope et son télescope.

Buffon déclare, et son dire n'a rien d'exagéré, que la portée de la vue des rapaces du haut vol est de vingt fois plus grande que celle de l'homme. On en peut conclure que l'oiseau, en général, embrasse d'une façon précise et certaine l'espace qu'il est susceptible de parcourir en un jour, et s'y dirige d'autant mieux qu'à la perfection de l'organe correspondent forcément des perceptions plus nettes pour son entendement, en même temps qu'une mémoire des lieux stimulée par des sensations plus vives. Cette mémoire, développée dès le bas-âge par une vie vagabonde à la recherche perpétuelle de la nourriture et par les relations de famille et d'espèce, est encore un apanage de l'oiseau. Elle grave dans son entendement le souvenir du canton, du bosquet ou du recoin, qui l'ont vu naître, comme celui des contrées par lesquelles il s'en est éloigné ; et l'attrait de ce souvenir, puissant chez les volatiles, le ramène avec une précision mathématique, à son berceau ou à son

habitat d'élection. Ainsi en est-il d'une façon manifeste, pour le pigeon voyageur, pour les hirondelles dont un couple est revenu dix-sept années
de suite à la même fenêtre, d'après l'observation
précise du naturaliste italien Spallanzani ; et, selon toute apparence pour la généralité des autres.

Notre grand naturaliste Buffon ne considère pas
que le sens du toucher soit très développé chez l'oiseau. En ceci, il semble avoir trop restreint le tact
aux conditions de cette faculté chez l'homme et
particulièrement dans sa main ; c'est-à-dire à la
notion de la forme et de l'état des corps. La sensibilité nerveuse de l'oiseau est extrême : la délicatesse de toute sa structure l'indique, et il ne faut
que voir l'appréhension qui le saisit au moindre
contact pour n'en pouvoir douter. Il a surtout un
genre de sensibilité extérieure développée à un
degré énorme et qui lui est propre ; c'est celle de
l'état calorifique, hygrométrique et électrique de
l'atmosphère. Ses plumes, composées d'une tige
sur laquelle s'implantent de fines barbes portant
elles-mêmes une quantité infinie de barbules ténues
et légères, sont autant d'hygromètres et d'élec-
tromètres qui lui transmettent leurs impressions,
et on peut dire que l'oiseau est un appareil mé-
téorologique vivant et des plus complets.

Chacun de nous ressent plus ou moins, et les rhumatisés en savent quelque chose, les influences de l'état et des mouvements de l'atmosphère : le vent d'Est est frais et léger ; celui du Sud, sec et chaud ; celui d'Ouest, humide et froid ; celui du Nord, froid et sec. Mais combien l'exquise impressionnabilité de l'oiseau doit en être mise en éveil et y saisir de nuances qui nous échappent ? La plus légère modification lui est aussitôt révélée : c'est là son baromètre ! La plus légère brise lui indique sa provenance, c'est là sa boussole ! Il porte donc avec lui tout un observatoire instantané. — Et ce n'est point tout encore !

Le sens de l'ouïe est également poussé chez lui au raffinement ; la pureté de la voix des oiseaux chanteurs en serait à elle seule la preuve manifeste, si nous n'étions perpétuellement à même de constater le développement de cette faculté par l'éveil de l'oiseau au plus léger bruit. Cette sensibilité d'audition, utile à la sauvegarde de tous, est chez les migrateurs nocturnes, autres que les Hiboux et les Chouettes qui voient dans les ténèbres, le complément de la vue : elle leur révèle l'état des lieux qu'ils parcourent par les bruissements du vent dans les forêts, dans les plaines : par le murmure des ondes dans les fleuves et les cours d'eau ou la voix des flots sur les rives ; par tous les bruits de la terre, en un mot. Pour ces géographes praticiens, tout est indication.

La connaissance des saisons, des jours, des heures, leur est donnée par leurs propres impulsions intérieures, l'amour, la mue, etc. ; par les astres, la température, les évolutions des plantes et des insectes ; par tous les signes de la nature : ne nous étonnons donc plus de la sagacité des oiseaux !

Le sauvage humain qui n'a point comme nous, civilisés, les renseignements et les moyens pratiques que la science met à notre usage, est bien forcé de compter sur ses organes et sur ces mêmes données physiques, comme moyens d'appréciation ; et nous savons le degré de perspicacité qu'il y acquiert.

C'est à ce point, chez l'oiseau, que le développement de ces maîtres sens, la vue, l'ouïe, le tact, ainsi que la facilité d'évolution qui en fait un explorateur perpétuel, l'aurait constitué en être supérieur dans la nature, si le centre commun des sensations et des impressions, le cerveau, avait reçu chez lui une ampleur proportionnelle. Il n'en est point ainsi. Petite tête et peu de cervelle ! Et les notions si vives que l'oiseau reçoit se circonscrivent, quant au résultat, à la fonction qui lui est dévolue, sans contribuer à l'entendement général. C'est un voyageur magnifiquement doté pour la locomotion et la direction, un observateur à l'œil subtil pour tout ce qui concerne la conservation et l'entretien de l'existence ; hors de là, le moindre mammifère lui en remontrerait en intelligence et en sagacité. Ce n'est donc pas tout à fait sans motif qu'un certain nombre de locutions, peu honorifiques pour les oiseaux, sont passées dans le langage usuel : *Tête de linotte, bête comme une oie*, etc., etc. Assez d'autres belles qualités leur sont reconnues ! Il ne faudrait donc point prendre par trop au pied de la lettre l'infaillibilité de l'oiseau dans ses jugements, dans ses agissements. Comme pour les humains, avec toute leur raison et leur science, sa perspicacité, son entendement, sont parfois mis en défaut, et nous en verrons des exemples ; mais ce qu'il fallait établir, c'était, d'une part, les causes de la migration ; de l'autre, les moyens mis à la disposition des oiseaux pour l'accomplir. Cela fait, voyons la marche qu'ils suivent.

*
* *

Si tous avaient le même genre d'existence et le même régime, s'ils étaient sensibles au même degré aux influences du froid, tous n'auraient qu'une direction, les mêmes époques de voyage et les mêmes zones de stationnement aux deux points extrêmes de leur course. Il est loin d'en être ainsi dans l'ordre universel qui a pour but, au contraire, de les disséminer sur toute la surface de la terre, pour l'accomplissement de la mission qui leur est dévolue. Les uns sont tout à fait aquatiques ; les autres habitent les marais et les terres humides ; ceux-ci, les bois ou les champs ; ceux-là les lieux élevés. Beaucoup sont chaudement vêtus d'un épais édredon et ne redoutent pas la froidure ; beaucoup d'autres, au plumage plus clairsemé, ont besoin de chaleur. La même variété règne dans le régime. Tous, ou à peu près, se repaissent d'insectes, mais d'une façon plus ou moins exclusive ; les uns en font la base de leur nourriture ; les autres, l'accessoire, en y ajoutant, qui les plantes aquatiques et les poissons, qui les herbes, les graines, les fruits et les plantes terrestres, qui la chair des oiseaux et des animaux ; et un certain nombre, les omnivores, s'accommodent de tout. Les parcours et les directions sont donc indispensablement réglés par les subsistances, par l'état des lieux et par la température des différentes contrées.

Il s'en faut de beaucoup que la température,

qui, en définitive, régit l'alimentation des oiseaux, soit régulière et proportionnelle à la latitude. Les diverses altitudes topographiques, comme il tombe sous le sens, et les influences atmosphériques la modifient considérablement. Ainsi l'humidité que la masse liquide de l'Océan émet constamment donne à la région occidentale de notre continent un climat sensiblement plus tiède que celui des contrées de l'Est situées sur les mêmes parallèles; sans compter l'action du *Gulf-stream*, le grand courant océanique qui entraîne les eaux, échauffées par le soleil des tropiques, vers la froide région du pôle et disperse en chemin ses chaudes vapeurs. Si bien que la ligne isothermique ou d'égale température moyenne de l'Irlande, située sous le 53e degré de latitude Nord, par exemple, est de + 5° en hiver, exactement comme celle de Marseille, sous le 43e : différence effective 10 degrés de latitude.

Il en résulte que les oiseaux qui vivent sur les eaux ou les terres humides infléchissent leur vol de migration non directement au Sud, mais vers le Sud-Ouest où ils trouvent plus promptement et mieux leurs conditions d'existence. Du reste, en jetant un simple coup d'œil sur un globe terrestre et en remarquant l'inclinaison des rivages d'Europe et d'Afrique dans cette même direction, on devra en augurer que l'ensemble des oiseaux qui cherchent un plus chaud climat doit également appuyer de ce côté, sans quoi les contrées de l'Ouest-Sud seraient complètement dépourvues de migrateurs venant du Nord, ce qui n'est point.

Mais, à l'inverse des précédents, les oiseaux astreints à une nourriture végétale produite par des plantes auxquelles une zone latitudinale est assignée, comme le chêne, le châtaignier, etc., devront prendre une direction opposée ; c'est-à-dire, tendre à l'Est ; car l'Océan leur barre le chemin et leur coupe les vivres de l'autre côté.

Les résidants des lieux élevés n'ont, pour changer de température, qu'à descendre dans de plus basses altitudes et généralement s'en contentent.

Enfin, d'autres, qui trouvent constamment leur nourriture dans des graines résistantes, telles que celles des conifères résineux, n'émigrent qu'autant que cette subsistance vient à leur manquer par cause accidentelle, ou peut-être que lorsque l'excès de leur population dépasse une certaine limite qui rompt l'équilibre entre leur consommation nécessaire et la production locale.

Il est donc possible, dans ce mouvement complexe, d'établir des divisions naturelles de direction, qui le simplifieront d'autant pour la plus grande clarté du sujet, en distinguant, par exemple : les migrateurs du Sud-Ouest, les migrateurs du Sud, les migrateurs du Sud-Est, les migrateurs d'altitude et les accidentels. C'est l'ordre qui va être suivi.

*
* *

Un grand nombre d'oiseaux pourrait accomplir leur migration en quelques grandes traites, comme l'indique la puissance de locomotion qui leur est dévolue. Il en est ainsi, lorsque la saison s'avance ou que les intempéries et les gros temps menacent ; mais, communément, la généralité n'est pas aussi pressée. Les jeunes ont à parfaire leur développement, tous à acquérir des forces pour les longs vols ; d'ailleurs, plus ils approchent du terme de leur voyage, moins ils ont de hâte. En conséquence, ils sont guidés par les conditions de la saison et la convenance des lieux : les uns voyageant par grandes étapes, les autres, de plaines en plaines, de forêts en forêts, de buissons en buissons, de tertres en tertres, car la variété de marche est considérable ; mais tous picorant à qui mieux mieux la large provende qu'ils trouvent en chemin, et l'embonpoint qu'ils y acquièrent est le combustible nécessaire, la réserve en quelque sorte, pour les grandes évolutions. Mais encore faut-il, pour trouver cette plantureuse existence, qu'ils sachent les contrées où elle existe et dans lesquelles ils pourront stationner à l'aise. Sans aucun doute, ils ont la latitude de *brûler* les étapes dans les contrées stériles pour eux : les exemples en sont fréquents ; mais, encore, pour des êtres doués de tant de prévision, l'existence ne peut être livrée à l'incertitude. Et de fait, en tout pays où la nourriture de prédilection d'une ou plusieurs espèces est copieuse, on peut dire, par avance, que les passages seront abondants. Nous en avons une preuve frappante dans le Jura, à ses différentes altitudes. Si la sécheresse a sévi dans la plaine, si le sol est dénudé, sans couverts, sans nourriture, le passage des cailles, à l'automne, y est nul ; tandis que dans la montagne, où les céréales achèvent tardivement leur maturité, elles sont en tel nombre que mon père et un de ses frères, il y a longtemps, il est vrai, en tuaient cent à eux deux dans une matinée. Le point de stationnement habituel des deux Nemrod était assez curieux : c'était un ermitage fort confortable, ma foi ! où un vieux parent, ancien Bernardin et fort bon vivant, avait pris sa retraite. La chapelle servait de réceptacle au gibier, méthodiquement rangé sur les bancs. La chronique ne dit point si on chantait le *requiem* aux victi-

Chasse aux cailles.

mes; mais, pour sûr, elles avaient de beaux *alle-luia* aux festins qui s'ensuivaient.

Pour les oiseaux qui voyagent de jour et à haut vol, l'étendue de leur vue et toutes les indications que la nature des lieux leur fournit, ici des eaux vives ou marécageuses, là des forêts, là des plaines, des terres en tel ou tel état, nues ou couvertes de telle ou telle nourriture, etc., etc.; on peut dire qu'ils ont sous les yeux, dans toute l'acception du mot, *un plan à vol d'oiseau*, et leur feuille de route paraît facilement tracée. Mais, quant à ceux qui s'élèvent peu au-dessus du sol, ou qui voyagent de nuit, souvent par les plus obscures, d'où leur proviennent les renseignements nécessaires pour agir avec certitude?... — Ce n'est pas le dernier des points d'interrogation que nous aurons à nous poser; car l'observation la plus soutenue est loin encore d'avoir résolu tous les problèmes du fait compliqué dont nous nous entretenons. — Mais, enfin, nous avons vu une première indication dans le tact merveilleux des fluctuations atmosphériques que possèdent les oiseaux, puis le langage des bêtes, c'est-à-dire, la communication des idées, des impressions, par tels ou tels genres de sons ou de signes, bien que très obscure pour nous, n'en existe pas moins chez eux d'une façon très réelle et très palpable. Les cris d'appel et les chants variés des oiseaux, dont nous sommes loin de saisir toutes les nuances ; une foule de moyens qu'ils possèdent et que nous pouvons observer, sont largement suffisants pour nous le prouver. La sentinelle qui veille, tandis qu'une bande repose, sait certainement se faire entendre et comprendre, quand un péril menace ; l'oiseau qui *réclame* au haut d'un arbre est compris de ses semblables qui passent, car ceux-ci s'arrêtent ou poursuivent leur route, selon qu'ils le jugent à propos. On peut donc penser que les expérimentés instruisent ou guident les jeunes ; que tous reçoivent en chemin des indications des stationnaires ; qu'eux-mêmes se communiquent leurs avis sur la route à tenir, et, qui sait ? que des émissaires partent à la découverte, comme nous pourrons l'augurer de nombreux exemples de migrations partielles anticipées, et comme le croit Toussenel, ce grand observateur du monde vivant des oiseaux.

*
* *

Nous venons d'avoir une première raison de l'abondance plus ou moins grande, d'une année à l'autre, des passages des diverses espèces dans un même lieu ou dans plusieurs, par les conditions d'existence et debien-être qu'ils offrent constamment ou accidentellement. Mais ce n'est pas la seule.

Il tombe sous le sens que le nombre des sujets aux points de départ, soit par la réussite des nichées, soit par toute autre cause, y a sa part dans toute la zone longitudinale correspondante. D'un autre côté, la configuration géographique de ces mêmes lieux de partance, comme il en sera rapporté un fait important, de même que l'obstacle des hautes montagnes dans les parcours, doivent déterminer des veines, des courants de migration, plus considérables ici que là. Il pourrait en résulter un trouble dans la dissémination des oiseaux, voulue par la nature, si une troisième influence ne venait à l'encontre : c'est celle de la direction des vents aux époques de la migration. Ceci demande quelques explications théoriques sur le vol des oiseaux.

L'oiseau, par sa conformation en plan horizontal et sa légèreté spécifique, prend aisément son point d'appui sur la couche d'air inférieur à lui. Si cet air est animé, dans la direction du vol, d'un mouvement égal ou supérieur, l'assise fait défaut à l'oiseau parce que la résistance manque, et son vol forcément s'abaisse. C'est l'histoire du cerf-volant qu'on voudrait entraîner selon le courant du vent. La corde de traction représente exactement la force motrice de l'oiseau et elle devient sans action, parce qu'elle n'a pas de point d'appui. La condition normale du vol est donc d'être dirigé droit dans le vent. Les chasseurs qui battent les champs en ont une preuve fréquente ; si on fait lever une alouette sous un vent un peu fort, au premier instant elle profite du courant qui l'entraîne pour s'éloigner ; mais si on observe attentivement, on voit que son vol est surbaissé, embarrassé, parce que le gouvernail ne peut agir, et qu'aussitôt qu'elle se juge en sûreté, elle s'empresse de faire volte-face ; c'est alors seulement qu'elle s'élève, comme si elle glissait sur un plan incliné.

Cette condition du vol nous donne de nombreuses explications ; car c'est dans les grands parcours que son influence se fait surtout sentir. En premier lieu, si, en temps voulu, l'oiseau ne trouve pas des courants atmosphériques à sa guise, et on sait si les variations en sont multiples, il attend, ou, si la saison presse, il dévie à droite ou à gauche pour trouver un vent plus favorable ; au besoin, il s'abrite des hautes montagnes. Ainsi le groupe des Alpes est un point de bifurcation des migrations de l'Europe centrale, selon le vent qui règne d'un côté ou de l'autre. Plus encore il y a lieu de penser, comme il sera

dit, que les oiseaux de haut vol, avec la perspicacité qui leur est donnée des choses de la nature,
mettent à profit les contre-courants supérieurs de
l'atmosphère.

On voit donc l'importance de cette troisième
considération. Elle motive à elle seule la variété
des veines de migrations annuelles dans les mêmes
lieux ; d'autre part, elle indique, de concert avec
les précédentes, le mode de dispersion des oiseaux ;
et, enfin, elle donne la raison pratique des variations d'intensité au début, au milieu ou à la fin
des passages, et, parfois, de la suppression subite
de ces derniers.

*
* *

Après la subsistance, la sécurité est une des
grandes préoccupations de l'oiseau, car il est exposé
à bien des périls, et de nombreux ennemis le
menacent sans cesse sur terre et dans l'air. A ses
ennemis terrestres, il échappe par la vigilance et
par le vol ; mais il en a beaucoup d'autres parmi
ses semblables, doués des mêmes moyens volatiles, souvent à un degré supérieur, et c'est de
ceux-ci surtout qu'il a à se garder, principalement
dans ses longues traites de voyages.

Les petits oiseaux des buissons et des bois,

Rouge-gorges, Fauvettes, etc., passent généralement de jour, isolément, mais de fourrés en
fourrés, et ne s'éloignant jamais de leurs abris.
D'autres, au vol plus fort, émigrent par familles,
le père et la mère guidant les jeunes, et tous
veillant au salut commun. D'autres se réunissent
en troupes, souvent innombrables ; de cette façon,
ils ne sont pas décimés un à un par leurs ennemis,
les rapaces ailés. L'Étourneau est de ce nombre,
et sa tactique est des plus savantes ; les grandes
bandes tourbillonnent sur elles-mêmes tout en
poursuivant leur vol, chaque oiseau décrivant un
cercle du centre à la surface. Dans ce tourbillon
perpétuel, l'oiseau de proie ne sait lequel happer
et reste coi, absolument comme nous autres, les
rapaces humains, lorsque nous nous trouvons au
milieu d'un vol considérable qui passe de tous
côtés : nous ajustons de ci de là, en haut, en bas,
et, finalement, le gibier est hors de portée que
nous n'avons pu placer un coup de fusil. D'autres
se disséminent et passent sournoisement. Puis un
certain nombre voyagent exclusivement de nuit,
soit que leur vol plus lourd ait besoin de la fraîcheur pour se soutenir, soit qu'ils aient plus
particulièrement à redouter les déprédations des
rapaces diurnes. Là encore la variété est grande ;
chaque espèce ayant son mode et ses lois de mi-

gration dont il ne nous est pas toujours donné de comprendre le sens.

Les époques sont elles-mêmes aussi diverses et fort variables comme précision; car certains oiseaux agissent avec la régularité d'un chronomètre, pour ainsi dire, tandis que d'autres doivent attendre un état déterminé de l'atmosphère : tous, d'ailleurs, se gouvernant selon leurs conditions d'existence et de tempérament, et s'avançant plus ou moins au sud, ou plus ou moins au nord à leurs deux époques de stationnement; et cela aussi bien pour les individus que pour les espèces, car il est peu de ces dernières qui ne laissent en arrière quelques représentants ou n'en dépêchent quelques autres en avant. Comme, d'autre part, elles ont leurs limites en latitude, c'est-à-dire, que chacune d'elles n'est pas répandue sur tout le pourtour de la terre, il sera possible de déterminer un jour leurs aires géographiques dont l'ensemble constituera la *Géographie aviale*, au grand bénéfice de l'Histoire naturelle.

Telles sont les conditions les plus générales de la migration; d'autres non moins intéressantes, trouveront plus naturellement leur place dans l'étude spéciale des groupes qui va suivre, et nous les y ajournerons.

Néanmoins, il faut encore observer que les deux migrations du printemps et de l'automne, c'est-à-dire le départ des oiseaux et leur retour parmi nous, ont une certaine différence. A l'automne, ils nous arrivent multipliés par la reproduction ; ils sont donc plus nombreux, et ils passent aussi plus lentement, retenus qu'ils sont par l'abondance de la victuaille et la nécessité de parfaire leur embonpoint, véritable réserve de route. C'est par conséquent l'époque à laquelle nous pouvons recueillir les plus amples renseignements sur leurs agissements, et celle qui doit éveiller le plus notre attention, d'autant qu'il s'y rattache un double attrait : celui d'un fin gibier souvent, et celui d'un exercice agréable et salutaire a l'arrière-saison. Au printemps, après leur longue absence et leurs longues pérégrinations pendant lesquelles ils ont été soumis à bien des vicissitudes : les fatigues, le jeûne parfois, les intempéries subites ou prolongées, les spoliations d'une foule d'ennemis, la mort naturelle elle-même qui a fauché dans leurs rangs durant ce long espace de temps ; ils nous reviennent bien diminués et légers d'embonpoint, l'impérieuse

loi de la reproduction hâte leur vol et leur dissémination, et, à tous égards, nos observations ne
peuvent être que plus limitées. Mais un fait général domine ces deux époques, c'est que les passages ont lieu à peu près dans un ordre inverse
dans chacune d'elles, et par les mêmes motifs
de température et de nourriture, à savoir : que
les premiers émigrants de l'automne sont les derniers arrivants du printemps et *vice versa*.

Cela dit et avec ces données, entrons dans le
monde des oiseaux en voyage.

CHAPITRE III

MIGRATEURS DU SUD-EST

Si ce livre était écrit uniquement au point de vue de la chasse, l'ordre le plus pratique serait de prendre les passages à leurs époques successives, en commençant par les premiers migrateurs pour terminer par les derniers. De son côté, l'histoire naturelle réclamerait qu'on procédât selon la série des espèces établie par sa classification. Mais, dans cette étude spéciale, l'une ou l'autre marche entraînerait forcément à une grande confusion soit de direction, soit de temps. L'ordre qui paraîtrait le plus logique, au premier coup d'œil, serait de suivre les deux grandes divisions de la migration d'automne et du printemps ; mais là encore, obligés que nous serions de traiter deux fois des mêmes oiseaux, nous tomberions forcé-

4

ment dans des redites et souvent dans la sécheresse d'une simple nomenclature, sans toutefois
sortir des difficultés précédentes,

Dans cette perplexité, il est à penser que ce
grand mouvement bisannuel de la migration se
localisera mieux dans l'esprit par les divisions tout
aussi naturelles de la direction : de telle sorte que
dans ce tableau général, on verra les espèces
comme s'entre-croisant d'elles-mêmes, les unes
inclinant à l'Ouest, les autres tendant droit au Sud,
les troisièmes à l'Est, par leurs propres conditions
d'existence ; et la besogne en sera d'autant sim-
plifiée. C'est cette méthode que nous adopterons.
Et pour procéder de simple au composé, nous
commencerons précisément par les dernières espèces, fort peu nombreuses d'abord, et dont la
principale est soumise à des intermittences qui
nous éclaireront d'autant mieux sur les causes et
motifs de la migration dans son ensemble. Nous
continuerons par les migrateurs du Sud-Ouest,
bien que les plus tardifs ; mais là encore les indications que nous recueillerons allégeront le lourd
chapitre des migrateurs du Sud, de beaucoup les
plus considérables en espèces et en individus.
Une quatrième case sera réservée aux migrateurs
d'altitude qui descendent des hautes montagnes
dans les plaines, et aux accidentels qui appa-

raissent de loin en loin ou sur quelques points seulement par des causes plus ou moins connues.

Commençons donc par un oiseau assez peu intéressant en lui-même, mais fort curieux par ses us et coutumes.

LE GEAI (*Garrulus*), universellement connu en Europe, est le type le plus caractéristique des

Le geai.

migrateurs du Sud-Est, et la raison en est simple. Bien qu'omnivore, c'est-à-dire se nourrissant de tout, insectes, larves, vers, graines, chair, fruits, œufs et oisillons; car il ne se gêne point, à l'exemple de tous ses collègues corvirostres, cor-

beaux, pies et autres, pour dévaster les nids ; il
a en grande prédilection les glands et les châtai-
gnes dont il fait très bien des réserves pour prolonger sa satisfaction. Comme les arbres qui produisent ces fruits sont limités par la nature dans
une veine latitudinale comprise a peu près entre
le trente-cinquième . et le cinquante-cinquième
parallèle, il est bien obligé de suivre cette zone,
lorsqu'il émigre, et cela en se dirigeant à l'Est,
puisqu'elle lui est coupée à l'Ouest par l'Océan.
Il craint peu le froid, et, quoi qu'il arrive, il laisse
toujours des représentants à l'état sédentaire
parmi nous. Ce dont il a souci, c'est la pâture,
doué qu'il est d'un robuste appétit ; puis de sa
tranquillité, car c'est un épicurien qui aime à
digérer et à dormir tranquille. Qu'un bruit insolite se produise, qu'un animal circule furtivement
dans le hallier où il a élu domicile, ce sont aussitôt des vociférations, de véritables cris... *de geai
en colère.* Cette remarque, sur laquelle j'insiste,
sert souvent aux chasseurs à leur signaler le passage du gibier. Dans ces conditions d'être peu
frileux, peu délicat, mais de grand appétit, il n'y
a pas lieu de s'étonner que ses migrations soient
fort variables ; car il a le vol lourd et ne se déplace
que par force majeure. Il passe des geais généralement tous les ans, vers le commencement d'oc-

tobre ; mais un peu, beaucoup et quelquefois...
pas du tout ! puis, à des laps de temps plus ou
moins longs, des quantités formidables. D'où on
peut conclure qu'il leur faut des motifs spéciaux
pour quitter leur habitudes casanières et se mettre
en voyage : soit la pénurie de nourriture, soit la
trop grande multiplication de l'espèce ; car bien
que vivant en famille jusqu'au temps de la reproduction, ils supportent mal le voisinage trop rap-
proché de leurs semblables, hors la question de
sécurité qu'il leur inspire durant la migration ;
soit encore un autre motif qui va être dit dans un
instant. Ils voyagent en troupes assez nombreuses,
peu compactes, en traînards, par le temps sec et
beau ; un temps humide allourdirait encore leurs
ailes peu déliées. C'est habituellement de dix
heures à midi que leur mouvement de marche est
le plus accentué, et, chaque jour, il augmente
d'intensité jusque vers le 22 octobre, après quoi
il cesse complètement. Ils passent par courts vols,
de forêts en forêts, de bocquetaux en bocquetaux,
d'arbres en arbres ; escaladant les escarpements
en biais et de gaules en gaules, piaillant, braillant,
baguenaudant en chemin et se riant des passants,
quands ils n'ont rien à en craindre. Un certain
jour de mon enfance, j'en vis un se pendre par
les pattes à une branche pour me regarder passer.

Je lui lançai mon bâton et il partit en me gouail-
lant : « *Geai-geai... Kouaï!...* » Et tous ses cama-
rades de répéter à l'unisson : « *Geai-geai....
Kouaï!... Kouaï!...* à m'en rebattre les oreilles.

Voilà l'usuelle coutume. Or, en 1872, j'ai été
témoin d'un de ces formidables passages dont je
viens de parler. Contrairement à tous les usages
traditionnels de l'espèce, le passage commença le
1er septembre. C'était jour d'ouverture de la chasse,
et je signalai le premier vol de quatre à cinq à
deux confrères en saint Hubert qui, comme moi,
battaient l'estrade dès l'aurore, et qui ne vou-
lurent pas me croire, tant l'époque était insolite
à leurs yeux. L'air étant très chaud, les pauvres
diables, qui n'étaient point surchargés de graisse,
selon toute apparence, volaient très haut pour
trouver un peu de fraîcheur, à longue traite,
presque sans arrêt ; ils avaient pour cela un juste
motif : pas un gland, pas un fruit ne pendaient
aux arbres de nos forêts; et le sol, durci par une
longue sécheresse, ne pouvait leur offrir ni larves,
ni vermisseaux. Ils fuyaient donc dare-dare vers
des contrées plus plantureuses. Ils continuèrent
ainsi, augmentant de nombre et abaissant de jour
en jour leur vol, l'air devenant plus frais, jusqu'à
la fin de septembre. Si bien qu'un beau matin,
débrouillant la piste d'un lièvre sur une crête,

Si bien qu'un beau matin.....

j'en vis un vrai torrent passer dans la gorge au-
dessous de moi. Les chasseurs du pays, mis en
éveil par les passages des jours précédents, s'é-
taient postés en foule sur une côte située en face,
par delà la vallée, où les geais venaient forcément
buter et reprendre haleine sur les arbres. Ce fut
un feu roulant toute la matinée et on en fit des
abatis monstres. Deux tireurs, à eux seuls, en
rapportèrent quatre-vingts; encore avaient-ils
manqué de munitions. De mémoire d'homme, on
n'avait vu pareille abondance, et il fallait remon-
ter jusqu'à l'année 1854 pour se rappeler quelque
chose d'approchant.

Disons en passant que la chair du geai est loin
d'être merveilleuse : le gland ne lui communique
ni saveur agréable, ni tendreté; on dit que les châ-
taignes la rendent meilleure; mais, enfin, on en
fait des salmis, qui, fortement relevés, sont man-
geables. En revanche, sa chasse est très amusante
et on court volontiers sus à cet oiseau vorace,
querelleur, curieux, braillard et gouailleur. Puis
il donne à tous les pièges, à tous les appeaux
comme un nigaud ou un écervelé, bien qu'à l'état
sédentaire il soit des plus défiants et rusés. Les
cris d'un de ses pareils, que l'on provoque en
pressant les articulations des ailes l'une contre
l'autre, l'imitation du cri de la chouette, même le

bruit du tambour, le font accourir de très loin.

Tout cela ne nous donne pas la raison de cette migration si anormale, qui pour ma part me rendit fort perplexe. Mais voici ce qui suivit : à peine cet oiseau avait-il achevé son passage, que toutes les *cataractes du ciel* se précipitèrent sur la terre comme au temps du déluge. Pendant un grand mois la pluie tomba par torrents et le vent d'ouest ne cessa de souffler et de faire rage, au point que des inondations survinrent partout, mais particulièrement en Belgique où elles causèrent de graves désastres. Voilà un premier fait !

A l'automne de l'année 1876, un très fort passage de geais eut encore lieu, mais à une époque plus normale. En rendant compte de ce second exemple, je demandais s'il fallait s'attendre au même temps postérieur qui avait marqué la migration fabuleuse de 1872. La réponse ne se fit pas attendre. Dès le mois de novembre suivant, de semblables ouragans se reproduisirent particulièrement sur le littoral de France et de Belgique ; cette fois ce fut la Bretagne qui eut notablement à souffrir.

D'après ces deux faits précis et en considérant que ces oiseaux nous viennent du Nord-Ouest, que par conséquent leur départ commence depuis ce même littoral océanique, ne pouvons-nous pas

Pendant un grand mois.....

y voir une indication, en attendant de plus nombreuses observations, que les gros temps et les
bourrasques qui menacent cette région et la zone
correspondante, devant infailliblement pourrir
les graines, submerger la pâture du sol, boule-
verser l'atmosphère, c'est-à-dire, couper les vivres
et troubler la tranquillité de ces volatiles poin-
tilleux sur ces deux chapitres, sont la cause première de leur migration en masse? Pour ma part,
cette prévision du temps à venir ne me surprend
pas, tant j'ai de confiance dans la perspicacité des
oiseaux en général, ou, pour mieux dire, dans la
raison d'être de leurs agissements; et j'en citerai
de nombreux autres exemples. Si cette hypothèse,
déjà sérieusement motivée, devenait, par la suite,
une certitude, nous aurions ainsi dans le geai un
précieux avertisseur.

De toutes façons, il poursuit sa migration jusqu'à ce qu'il rencontre des contrées plus riches
en victuaille et moins menacées des grandes intempéries. On nous dit qu'il va jusqu'en Perse, où,
du reste, on le retrouve à l'état indigène, sans
doute après s'être fort disséminé en route, car
son retour au printemps est problématique, les
sédentaires, bon gré, mal gré, suffisant à la reproduction; ce qui expliquerait d'une autre manière,
par la lenteur de l'accumulation de population,

les migrations phénoménales à longs intervalles. Dans tous les cas, ce retour est peu apparent et ne se manifeste plus par de grandes bandes, comme à l'automne. Une seule fois dans ma vie il m'est arrivé de voir un réel passage de printemps, et encore, avec des circonstances à dérouter toutes les prévisions. Ces geais venaient de l'Ouest et se dirigeaient à l'Est en un long ruban ou en un mince filet continu qui vint se heurter à la première rampe du Jura. Ils la suivirent et la contournèrent jusqu'à ce qu'ils rencontrassent un vallon, par lequel ils s'élevèrent sur le plateau supérieur. J'étais précisément à ce point d'escalade, à peindre une charmante source de ma vallée, dite du *Gros-Caillou*, d'un bloc de rocher éboulé des roches qui dominent. Cela dura trois matinées, identiquement dans les mêmes conditions et dans le même ordre. — Où allaient ces oiseaux? Quel mobile leur traçait cet itinéraire nouveau? — Autant de problèmes! — et on voit combien ils sont fantaisistes, mais instructifs aussi dans leur marche.

*
* *

Après le Geai, à la chair coriace, par compensation nous avons l'Ortolan, délice des gourmets, dont une partie migre à l'Est, dit-on.

L'Ortolan (*Emberiza hortulana ;* en provençal, *l'ourtouran*) est un petit granivore de la famille des bruants des naturalistes, qui se caractérise par un bec conique dont les mandibules, déprimées sur les côtés, forment un léger hiatus dans les coins, et dont l'inférieure déborde un peu la supérieure. Son plumage, sur le dos, rappelle de très près celui du bruant des haies (la verdière des départements de l'Est), mais partout ailleurs le jaune est remplacé par une couleur fauve roux et par une plaque gris cendré à la gorge chez le mâle. N'ayant pas eu suffisamment l'occasion de l'observer par moi-même. je disais, dans la première édition, d'après les naturalistes et d'après Toussenel lui-même : « Cet oiseau a cela de très particulier qu'il se cantonne en France, pendant l'été, exclusivement dans l'ancienne province du Languedoc. Comme il est tout à fait inconnu plus au Nord, on le confond souvent avec certains becs-fins ou avec le torcol, oiseau du Nord, un peu plus gros qu'une alouette, surtout reconnaissable à sa longue langue qui lui sert à happer les fourmis. Celui-ci est aussi un fin petit gibier, malheureusement trop rare. Nous le trouvons quelquefois isolément dans les haies et les buissons, au mois d'octobre. » Mais le livre était à peine paru, que M. A. Della Faille de Leverghem, mon excellent correspondant d'Anvers dont le nom sera souvent cité, m'écrivait que l'ortolan existe en Hollande, qu'on l'y chasse et qu'on l'y engraisse comme en Languedoc, pour l'exporter ensuite dans le Nord, en Angleterre et même à Paris. Comme preuve à l'appui, il m'en envoya deux spécimens qui rendirent le doute impossible.

Et plus loin j'ajoutais : « L'Ortolan arrive dans sa contrée d'élection au commencement de mai. Il niche à terre dans les vignes et dans les blés. Il en repart du 15 août au 15 septembre. Une partie traverse les Pyrénées pour gagner l'Espagne ; l'autre se dirige droit à l'Est pour passer en Italie par les gorges des Basses-Alpes et à une certaine distance du littoral, car on en voit peu sur les bords de la Méditerranée. C'est ainsi qu'il est de passage en Provence où on le chasse, comme en Languedoc, aux grands filets-battants avec l'aide des appelants. »

Du moment où l'Ortolan existe dans le Nord, il faut changer totalement cette théorie ; car il n'y est pas sédentaire, et, alors, il doit passer, aux deux époques réglementaires, dans les contrées intermédiaires et en y laissant certainement au printemps des représentants en plus ou moins grand nombre, selon la convenance des lieux et les conditions d'alimentation. C'est ainsi que j'ai

aujourd'hui la conviction, sans en avoir encore
des preuves précises sous les yeux, qu'il habite
aussi l'est de la France, où il est connu sous le
nom de *Bruant des vignes*. Il ne faut pas s'éton-

Torcol.

ner outre mesure de l'incertitude qui règne à son
sujet, comme à celui de nombre d'autres des petits
passereaux. La connaissance et la classification
en sont souvent difficiles par le minime intérêt
qu'ils représentent comme gibier, et qui fait qu'on
s'en occupe peu ; par la grande variation de leur

plumage suivant l'âge ou la saison, et encore par
la différence de leurs désignations d'une contrée à
une autre. Deux causes ont pu particulièrement
influer sur les erreurs accréditées au sujet de
ceux-ci : la première est due aux époques, tardive au printemps, précoce à l'automne, dans lesquelles ils opèrent leurs migrations : d'où il résulte
que, passant dans les pays intermédiaires après ou
avant la saison de la chasse, on a moins occasion
de les observer de près, et que ce n'est qu'à leurs
points d'accumulation d'arrivage ou de stationnement qu'on leur fait la guerre, comme dans nos
contrées méridionales où la licence de leur destruction est autorisée spécialement jusqu'au 15 mai
et à partir du 15 août. La seconde cause tient à la
difficulté de suivre leur marche de migration : souvent, selon l'état atmosphérique, ils passent de
nuit ou tout au moins aux premières lueurs du
jour ; puis leur direction, sur le littoral méditerranéen particulièrement, est fort incertaine. Selon toute probabilité, ils contournent le pied des
Alpes maritimes d'une part, des Pyrénées de
l'autre, pour suivre les terres sèches qui leur
conviennent, et passer soit en Italie, soit en
Espagne.

Une récente observation m'a mis, je crois, au
courant de la marche de migration de nombre

d'espèces sur ce point du continent européen. Le 9 mai 1880, par un temps superbe et un fort vent de nord-est, me trouvant sur la côte qui enferme la petite rade de Port-Vendres, j'assistai à la remontée des martinets, en retard de dix jours sur l'époque habituelle, sans doute par les temps contraires précédents. Ils passaient sans discontinuité, par vols de 50 ou 60 se suivant les uns les autres, à une moyenne hauteur de 40 mètres, droit dans le vent et en suivant exactement la ligne du rivage. C'était évidemment une veine de migration, et je dus me dire que, si cet oiseau, au vol puissant, ne franchissait pas directement la Méditerranée ni la chaîne des Pyrénées où il ne trouverait ni point de repos, ni nourriture, et, dans le dernier cas, où l'altitude rend la température glaciale, il devait à plus forte raison en être de même pour toutes les espèces moins bien douées. De là une bifurcation, non pas particulière aux ortolans, mais qui doit être assez générale, point qui nous servira par la suite.

J'insiste sur le petit oiseau en question, en raison de son grand renom gastronomique, et parce que ses us et coutumes sont assez vagues jusqu'ici. Mais, par les considérations nouvelles qui viennent d'être émises, je n'hésiterais pas à le classer dès à présent parmi les simples migrateurs du Sud, stationnant en bon nombre dans les pays méridionaux, et passant au besoin en Afrique à l'arrière-saison, si je ne tenais à respecter encore les idées admises.

Maintenant mérite-t-il toute sa renommée? — Maigre, il est sec et coriace, comme tous ses congénères les Emberiza, et on sait que son embonpoint, qui le rend comme une pelote de graisse, est tout à fait factice : il est pris vivant et généralement vendu à un spécialiste qui le renferme dans une chambre obscure dont le sol est jonché d'une ample provende de millet. On ne l'en sort pour la consommation que lorsqu'il est devenu assez gras et lourd pour ne pouvoir plus s'enlever et se percher. Je ne voudrais pas faire de peine aux gourmets qui tiennent l'ortolan en si grande estime; mais voici l'opinion d'un chasseur, gourmet aussi, du pays de Gascogne, dont l'appréciation moins flatteuse est, je crois, plus vraie : « Le morceau est onctueux, mais non parfumé; il n'est pas à la hauteur de la réputation et du prix de l'oiseau; il est loin d'avoir cette saveur des autres gibiers gras tués à l'air libre : les cailles de nos vignes ; les *tourdes*, grives de vendanges ; et surtout ces petits *mûriers*, dits *becfigues*, qui peuplent nos maïs au mois de septembre ; tous oiseaux aussi gras que l'ortolan encagé et n'ayant rien perdu de ces puissants aromes que la prison enlève à celui-ci. Ce manque de saveur rend désagréable la graisse de l'ortolan. Quand on en a mangé un ou deux , c'est assez !.... »

Sic transit gloria mundi !

*
* *

Tous les naturalistes s'accordent à dire aussi, mais sans citer de faits à l'appui, que le Rossignol (*Sylvia luscinia*) émigre également à l'est par les contrées méridionales de l'Europe, passe l'Archipel et va hiverner en Syrie et même en Égypte. C'est, il est vrai, un des oiseaux très mystérieux dans leur migration, voyageant silencieusement dans l'ombre des buissons ou des bois et probablement la nuit, dont il est difficile de suivre la marche. Cependant nous savons que les rossignols arrivent en bon nombre dans le midi de la France où les Provençaux en font d'excellentes brochettes ; car il est très délicat comme tous ses congénères, les charmantes fauvettes. « C'est abominable ! » diront les âmes sensibles du Nord, région, en effet, où on aurait un remords d'immoler de gaieté de cœur ces mélodieux musiciens. — Mais le gibier sédentaire et sérieux est si rare en Provence, que les habitants se précipitent avec frénésie sur toute provende ailée qui passe à leur por-

Rossignol.

tée. Ajoutons pour leur excuse ce principe gastronomique : c'est que plus les oiseaux avancent dans leur migration, plus ils ont acquis d'embonpoint, de délicatesse, et plus excellents ils sont;

et ces fins gourmets de Provençaux résistent difficilement à un régal de petits-pieds.

Mais de là, où et comment se dirigent-ils? —
Nous savons encore qu'ils sont très répandus
en Algérie, et rien n'empêche de penser qu'après
s'être disséminés en Espagne, en Italie, et dans
l'Est-Sud, une partie, tout au moins, passe en
Afrique comme plusieurs autres représentants de
la famille des fauvettes.

Ils quittent régulièrement notre latitude ou pour
mieux dire notre zone isotherme, ce qui est bien
plus exact en tout ce qui concerne les évolutions
des oiseaux, vers le 15 août. Dans l'instant où je
préparais ce chapitre, assis dans un bosquet de
jardin, j'avais autour de moi toute une famille de
rossignols fort affairés, allant et venant, picorant
çi les vermisseaux, là les baies du sureau-corail,
tout ce qu'ils rencontraient à leur convenance. On
voyait clairement qu'ils se hâtaient de prendre
des forces pour le grand voyage et que le jour était
proche. J'intriguais fort les jeunes en contre-fai-
sant leur cri, « *K'à-K'à!... K'à-K'à!* » qui est
loin, ainsi que celui de leurs parents à cette saison : « Krrr!... Krrr....! » du charme de leur
chant printanier ; et ils me regardaient avec de
grands yeux. — A partir du 16, je n'en revis plus
aucun.

Ils nous reviennent, avec non moins de ponctualité, du 12 au 15 avril, à un jour près, selon la température régnante. C'est à ce moment précis qu'on prend les mâles pour les mettre en cage : quelques jours plus tard, ils sont appariés, et se

laisseraient mourir sentimentalement de chagrin dans leur prison.

Là se termine la très courte nomenclature des migrateurs du Sud-Est.

CHAPITRE VI

MIGRATEURS DU SUD-OUEST

Ainsi qu'il a été dit précédemment, les oiseaux qui prennent cette direction du sud-ouest sont les aquatiques ou palmipèdes et, généralement, les oiseaux de rivage, ainsi que les paludéens ; certains qu'ils sont de trouver de ce côté un climat relativement doux et humide et, en somme, plus immédiatement toutes leurs conditions d'existence. Tant que l'excès de froidure ne les atteint pas dans leurs cantonnements, ils stationnent avant que d'aller plus loin, et, fort nombreux en espèces, en variétés, plus encore en sujets, car la race est prolifique au suprême, c'est par myriades qu'on les voit, à certains jours et en bons points de passage, sur la surface des eaux ou des terres marécageuses.

Les premiers en date de migration, sauf une exception qui sera dite plus loin, sont les Bécassines, fin gibier et fins voiliers, véritablement prédestinées aux voyages de long cours : aussi peut-on être assuré, par avance, qu'on les trouvera du nord au sud, jusque sous les tropiques et sans doute par delà, partout où il y aura des marais, des vases, des terres humides à sonder de leur bec effilé pour en extraire les larves et les vers, et des joncs, des herbes, pour se remiser. Que leur importe une traite de cinq cents lieues? c'est peut-être pour elles l'affaire d'une nuit ou d'un jour !

On compte en Europe trois espèces de bécassines.

La DOUBLE BÉCASSINE (*scolopax major*), la plus grosse et la plus précoce dans ses passages. Elle arrive dans notre zone dès les premiers jours de septembre; par contre, elle est tardive au printemps et ne remonte qu'en avril et mai.

La BÉCASSINE ORDINAIRE (*scolopax gallinago*), la plus abondante, est le type de la famille. Elle voyage de nuit, préférant même les plus obscures, alors que la lune est dans ses premiers ou derniers quartiers ou complètement masquée par d'épais nuages; quelquefois aussi dans les matinées

Double bécassine.

fraîches, peut-être simplement en excursion de

Bécassines.

victuaille. On l'entend sans la voir, car son vol

est très élevé, à une façon de petit bêlement, « *Mè-è-è-e.....* », produit par une rapide trépidation du guidon terminal de l'aile, affirment quelques naturalistes. Si l'on se trouve dans l'endroit du marais où elle a résolu de se poser, on la voit plonger en quelques zigzags rapides comme l'éclair, et tomber à proximité; dans cette descente vertigineuse, l'impression visuelle, semble-t-il, n'a pas eu le temps de lui révéler votre présence. Son passage, qui commence dans le courant de septembre, se prolonge généralement jusqu'au premier décembre, selon le plus ou moins de précocité des frimas; mais le fort en a lieu du 15 octobre au 15 novembre. Elle nous revient dès le commencement de février, et la migration printanière dure jusqu'au 1er avril.

La PETITE BÉCASSINE (*scolopax gallinula*), surnommée la *sourde*, par l'apathie qu'elle met à se lever, attendant presque qu'on lui marche dessus, est aussi la plus lente à migrer, et son vol est moins rapide. Des trois, c'est la plus sédentaire en France, c'est-à-dire qu'elle y niche en nombre de lieux.

La migration des bécassines, très régulière en fait, l'est très peu en réalité quant à la quantité

dans les mêmes lieux : car il arrive souvent quel e
sol n'y est point préparé à leur guise ; les marais
étant trop inondés, les remises sont rares ; trop
secs, elles ne peuvent y picorer ; et de leurs fines
ailes, elles ont bientôt fait de filer plus loin ; mais
elles passent néanmoins, quoiqu'on en voie peu.
M. Pellicot, un observateur provençal, nous en

Petite bécassine.

fournit une preuve, dans son livre de la migration
sur les côtes de Provence, en rapportant qu'il suffit de répandre de l'eau courante dans une prairie
pour être sûr d'y trouver des bécassines le lendemain. De son côté, M. A. della Faille de Leverghem, mon honorable correspondant, me citait
un autre exemple : en 1875, les étangs de sa
chasse étaient amplement pourvus d'eau ; passage

insignifiant! Mais à une lieue de là, on avait fait écouler les étangs; passage abondant, parce que la vase, mise à sec et non desséchée encore, promettait une ample pâture.

Quoique bien fins voiliers et pouvant toujours devancer les vents calmes, les bécassines préfèrent néanmoins le vent debout, soit le sud-ouest à l'automne, soit le nord-est au printemps, et c'est toujours sous cette influence qu'il faut s'attendre aux meilleurs passages; il y a longtemps que les chasseurs du Nord l'ont constaté. Ceci prouve la vérité de la théorie pour tous les oiseaux en général. Aussi M. della Faille fut-il fort surpris de constater, un certain matin de printemps, que les bécassines avaient subitement disparu, bien que le droit vent d'ouest, c'est-à-dire le vent contraire, régnât alors. En jetant les yeux sur le tableau-bulletin qu'il venait de m'envoyer, je crus en entrevoir la cause. A deux jours de là, le vent de nord-est s'était mis à souffler avec continuité : or, en bonne météorologie, on comprend qu'un courant inverse agit d'abord sur les couches supérieures moins denses, puis peu à peu refoule toute la masse de celui qui lui est opposé. Est-il alors bien étrange de penser, la sagacité des oiseaux étant donnée, que les bécassines, averties de cet état de choses et sachant que le vent favorable

soufflait à une faible hauteur, se soient élevées
jusqu'à lui et en aient profité pour gagner le but
qu'elles avaient hâte d'atteindre? — En rassemblant ainsi tous les éléments de la question, on
arrivera sans aucun doute à trouver nombre d'explications qui sont encore à chercher.

Lorsqu'on considère les vastes espaces de reproduction de la bécassine, qui s'étendent depuis notre latitude jusqu'à l'extrême nord, son immense
champ de parcours sur la surface du globe, car
on la trouve dans l'un et l'autre hémisphère, l'é-
lévation et la puissance de son vol qui la met à
l'abri des rapaces les plus rapides, il est difficile
d'admettre que l'espèce aille en diminuant, surtout du fait de l'homme, dont les grands moyens
de destruction sont mis ici en défaut, et qui n'a
d'autres recours contre elle que son adresse et
son arme de chasse : or, on sait la difficulté du tir
de ce gibier, et ce qu'on parvient à en abattre
n'est qu'un léger tribu perçu sur la masse. Et cependant, surtout dans l'intérieur des terres, on se
plaint perpétuellement de sa disparition. C'est
qu'on ne tient aucun compte des desséchements,
des assainissements, etc., etc., en un mot, de ce
fait qu'un pays assaini, desséché, qu'une agriculture plus perfectionnée, plus productive, enlèvent
forcément aux bécassines leurs demeures et leurs

points de stations ; et il en est ainsi pour beaucoup d'autres espèces. Mais qu'on aille dans les
vastes plaines humides ou marécageuses de la
Somme, ou mieux encore dans celles de la Hollande, et on y apprendra par les exploits des
chasseurs de ces contrées que l'espèce n'est pas
près de s'éteindre.

Cet intéressant oiseau aura eu une longue notice. En voici un autre, son proche, mais grand
parent, qui ne lui cède point.

*
* *

La bécasse ! A ce nom, le chasseur et le gastronome se découvrent ; car c'est un gibier béni, au
bois comme à table. A l'automne, sa chasse est
une des plus agréables récréations cynégétiques,
mais elle est attristée par la perspective des
mauvais jours qui vont venir. Au printemps, il
n'en est plus ainsi et, aux premiers rayons du
soleil, après une longue réclusion, c'est un véritable charme ! J'ai cherché à en peindre la scène
dans la fantaisie qui suit.

BÉCASSE, MA MIE !

Dès qu'arrive ce satané mois de mars, qui vous
a une senteur printanière, mêlée de bises et de

giboulées, je suis pris, dans mon cabanon de Paris (ce que d'aucuns appellent leur appartement),

Bécasse.

d'un insupportable bourdonnement d'oreilles, à me rendre sourd comme une cruche.

— *Crow-Crow.... P'sit-P'sit!!!...*

— *Crow-Crow.... P'sit-P'sit!!!....*

Et ainsi de suite.

Eh! parbleu!... C'est la bécasse qui passe, et moi je suis entre quatre murs, chassant..... les gais souvenirs, tirant.... des lignes noires sur du papier. — Triste! triste!!!....

C'est pourtant bien tentant là-bas. Pas n'est besoin de devancer l'aurore, à moins qu'on ait la passion de la passée du matin, et sur le coup de

neuf heures, selon la distance de la forêt, on se
met en marche, en amateur. — Mais, dès l'abord,
ouvrons l'œil, et attention aux lisières, aux pointes
de bois! La bécasse indolente qui a picoré dans
les champs la nuit est remisée là au matin. En
plein bois, attention aux bas-fonds, aux coteaux
exposés au soleil, si le temps est sec ou chaud;
aux pentes abritées, si le vent est aigre. —Eh! le
grelot de Médor se ralentit.... Bonne chance! Une
piste.... — « *Tout-beau!!!....* »

Je crois avoir fait cette remarque : les jeunes
bécasses inexpérimentées montent en fusée, et,
volontiers, papillonnent un instant à vous regarder, vous et votre chien : c'est un moment propice!
Les vieilles, rusées commères, filent sous bois et
s'empressent de se masquer de tous les obstacles,
ramées ou troncs d'arbre. — Mais soit l'une, soit
l'autre, quelle agréable émotion quand au....
piff! de votre *rifle* répond cette autre note
sourde : *Pouf!!!...* de la bécasse qui tombe lourdement sur le sol. — « *Apporte!* » — Et d'une
dans le sac! — C'est victoire; car il ne faut pas
s'attendre à en tuer à la douzaine, comme simples mauviettes.

Voilà l'action en train, avec toutes ses péripéties
de cépées et d'épines, de surprises et de réussites;
voyons, maintenant le décor : — Entre temps,

Le chasseur, jambe deci, jambe delà ..

vous jetez un coup d'œil autour de vous. Sur le ton bleu des fourrés, le premier soleil scintille le long des plantes; des mousses, qui reverdissent, pointent les anémones, les narcisses jaunes et de mignonnes jacinthes bleues; des ronciers émerge le bois-joli; et de fines gouttelettes d'émeraude semblent pendre aux branches des buissons précoces. La saine senteur de la sève qui remonte, l'air frais et pur, dilatent votre poitrine. — Dieu! comme on respire bien ici!!! — Les fanatiques de cette chasse ont mille fois raison.

Passé midi, les bécasses, en bestioles douillettes, se remisent et font une sieste. Plus de frais! Il faut suspendre la partie. — «Tiens! Médor, sur cet épais tapis de feuilles sèches, en plein soleil au pied de ce grand chêne, nous ne serons point trop mal non plus ». — Le chasseur s'assied, jambe deci jambe delà, il étale ses vivres : le sobre, une modeste corne de fromage; d'autres, des victuailles plus sérieuses. Le chien, sur son bienséant, suit tous les mouvements, attentif, mais sans impatience ; car il sait bien qu'il aura sa part. Après la dernière accolade à la gourde, on allume une pipe. Quelle pipe !!... Dans ses spirales bleuâtres tourbillonne tout un essaim de gentes dames au long bec, voletant, papillonnant, croulant, et.... la somnolence venant, on s'étend dans le pays des songes. Médor en fait autant ; mais lui ne dort que d'un œil : au moindre bruit, il relève la tête, son œil brille et semble dire : — « *Quel est l'intrus qui vient troubler le repos du maître ?* » — Brave bête, va !

A trois heures, frais et dispos, on reprend l'action : la bécasse a terminé son somme et vaque à ses affaires. C'est le moment de lui re-dire quelques mots d'amitié. Et les émotions re-commencent jusqu'au déclin du jour. — Nou-velle station jusqu'à la passe. A cette heure plus fraîche, une souche est le fauteuil de ri-gueur, et on *philosophie* à l'aise dans la solitude des bois, ou bien on suppute les victimes, si le sort a été propice.

Mais voici l'acte final de l'*opéra* qui prélude. L'horizon s'illumine des feux du couchant ; la grive, le *maestro-soprano* du printemps, entonne du haut du chêne sa mélodieuse *cantilène*. — Quelle ampleur de voix ! l'air sonore en retentit. — Le pinson lui riposte en *contralto*, et le frétillant rouge-gorge, hochant la queue pour battre la me-sure, fait sa partie de haut-bois dans les buissons. — Attention ! attention !... La bécasse donne aussi sa note de basse-taille : l'orchestre est au complet ; c'est le grand morceau ! — « *Crow-Crow !.....* *P'sit-P'sit !...* » — En cadence comme les joyeux *fron-fron* de nos pères. — C'est la passe ! Debout et l'œil au guet. —

— « *Crow-Crow.... P'sit-P'sit !* » —

Un couple amoureux, folâtrant, entre-croisant leurs becs, arrive sur vous.... Pauvres chers ! — Un double coup de tonnerre éclate.... *Pin !!!.... Pan !!!....* — Roméo et Juliette ont mordu la poussière. — Bravo au chasseur ! — C'est un dé-nouement triste, mais bien émouvant.

— *O povero caro mio !* Je voudrais bien y être. — Et dire qu'un affreux ânier de mon voisinage a jugé à propos de prendre le grelot de mon chien pour le pendre au cou de sa bête et me donner chaque matin une aubade ; que le merle du Luxem-bourg lance, dès l'aube, ses éclatantes voca-lises.... — Mes pauvres oreilles, laissez-moi tout au moins en paix !

— « *Crow-Crow.... P'sit-P'sit !!!...* » —

— « *Crow-Crow.... P'sit-P'sit !!!...* » —

C'est à en devenir fou, ma parole d'honneur !

Je termine cette note gaie en laissant à ceux qui en voudront la dénomination de *scolopax rusticola* dont la science a affublé notre oiseau. Le nom de Bécasse, très explicite, *abondance de bec, long bec,* nous suffit largement et a le bon sens d'être français. Mais si les savants ne parlaient point grec.... ils ne seraient point savants ! — Ce coup de patte, en passant, du chasseur naturaliste aux naturalistes de cabinet.

Buffon fait simplement migrer les bécasses en altitude, c'est-à-dire qu'elles stationneraient, selon lui, pour la nichée, sur les hautes montagnes de la zone tempérée, comme les Pyrénées, les Alpes, le Jura, etc., et que de là, la mauvaise saison venant, elles se contenteraient de descendre dans les plaines et de s'y promener deci delà. Mais il admet néanmoins qu'elles sont répandues dans tout notre continent, et rapporte qu'Adanson en a vu également au Sénégal. Nous sommes aujourd'hui mieux fixés à leur sujet. Qu'à leur migration de printemps elles laissent quelques représentants, dans les lieux élevés, ceci n'est point douteux. M. della Faille en a trouvé un couple en plein été, même en Italie, sur les Apennins, et il n'y pas d'année où l'on ne découvre quelques couvées sur les plateaux du Jura ; mais le nombre en est infime. Leur véritable station estivale est le Nord ; les renseignements les plus précis l'établissent, et les conditions d'existence de ces oiseaux suffiraient à le démontrer.

Plus encore, M. della Faille, un chasseur cosmopolite, a posé, d'après ses nombreuses observations, une théorie des plus judicieuses de leurs

parcours que je m'empresse de rapporter; ce sera
une des primeurs de ce livre. — Une carte de l'Europe sous les yeux et en considérant la direction
doublement obligatoire des bécasses au sud-ouest,
par l'humidité et la disposition des terres; autrement, si elles émigraient directement au sud, on
n'en verrait que quelques rares spécimens dans
toute la partie occidentale de notre continent;
M. della Faille dit : Un premier groupe de migration part de la Norvège et aborde en Écosse ; il a,
pour preuves à l'appui, les rapports des naviga-
teurs de la mer du Nord, qui rencontrent fréquemment des bécasses dans leurs traversées. De
là, ce groupe longe les côtés d'Angleterre jusqu'à
la pointe du Norfolk où il se divise en deux parts :
l'une arrivant sur les côtes de Belgique et de
France pour suivre la voie qui va être dite : cette
double particularité lui est indiquée, d'une part,
par la rareté des bécasses sur les côtes occidentales de l'Angleterre et en Irlande, comme il l'a
constaté lui-même ; d'autre part, par leur passage
plus précoce à Bruges qu'à Anvers, situé plus au
Nord et à l'Est, cependant. La deuxième portion
continue par les côtes anglaises, passe sur celles
de Normandie et de Bretagne où, en effet, leur importante station est depuis longtemps signalée. Le
groupe, plus ou   oins réuni, côtoie le golfe de

Gascogne ou le traverse obliquement pour gagner le littoral nord de l'Espagne et se répandre dans l'ouest de ce pays : les nombreuses bécasses qui se brisent la tête chaque saison contre les phares d'Oléron et de Cordouan, à la grande satisfaction des gardes-sédentaires, ne laissent aucun doute sur l'abondance du passage dans cette direction.

Un deuxième groupe, doublé des bécasses de la Finlande, part de la presqu'île Suédoise, descend en Danemark, en Hollande : ce sont ces bécasses-là qui apparaissent à Anvers plus tardivement que celles de passage à Bruges. Puis elles se répandent dans le centre de la France et arrivent au pied des Pyrénées, excellente station encore, d'où elles passent en Espagne.

Un troisième groupe part des côtes russes de la Baltique, passe en Allemagne et arrive dans le bassin du Rhône, pour suivre de là la côté orientale hibérique.

A cet ordre de marche il faut ajouter un quatrième et immense groupe, composé de toutes les bécasses du nord de la Russie, se répandant sur toute la zone méridionale de l'Est européen, et couvrant l'Italie par l'aile droite, la Grèce par l'aile gauche.

A partir de notre zone isotherme de Paris, et selon l'intensité de l'hiver, l'ensemble des bécasses commence à laisser des retardataires qui, souvent, ne vont pas plus loin. Cette arrière-garde augmente de plus en plus en avançant au midi, et les marais Pontins, en Italie, sont pour elle un lieu de repos si favorable, que les chasseurs du pays en font des abatis superbes, quelque chose comme trois ou quatre cents chacun par hiver. Le surplus passe en Afrique par les points le plus à leur convenance, et se dissémine en deçà du Sahara, ou va se remiser sous les Tropiques.

Je résume sommairement la théorie de M. della Faille pour la rendre simple et claire, en la complétant de mes propres renseignements de l'Est et d'ailleurs. Cette conception, si logique qu'elle tombe sous le sens après un léger examen, en même temps qu'elle jette un jour tout nouveau sur la migration générale, n'a pas tardé à recevoir une éclatante consécration de l'observation suivie. Au printemps de 1877, je recevais de trois correspondants : MM. A. della Faille de Leverghem, d'Anvers, A. de Cugnac, du Gers, P. Petitclerc, de la Haute-Saône, un tableau détaillé des passages de la saison, dans leurs contrées respectives. J'y vis que le plein de la migration des bécasses avait eu lieu, à Anvers, *du 9 au 19 mars*; dans le Gers, *du 11 au 26*; dans la Haute-Saône, du 3 au 16. Évidemment les bécasses du Gers n'étaient point les

mêmes que celles de Belgique et de Vesoul, c'est-
à-dire que le groupe du centre des Pyrénées était
en retard sur les deux autres ; et la cause en devenait manifeste en comparant les températures,
cotées jour par jour, de ces différents lieux. Tandis
que, dans le courant de mars, le thermomètre ne
s'abaissait pas à plus de 2° au-dessus de zéro, à
Anvers, pour s'élever ensuite à 18°, dans le Gers,
par suite d'influences météorologiques particu-
lières, il descendait jusqu'à 8° au-dessous de zéro,
pour ne s'élever qu'à 11 au-dessus, au dernier
jour du mois. — C'est un des beaux résultats de
notre bureau d'observation de la *Chasse illustrée*.

Quelques bécasses nous arrivent dès la fin de
septembre, de même qu'il en passe encore en décembre ; mais la vraie migration a lieu du 20 octobre au 20 novembre. Au printemps, le mois de
mars est le temps consacré, de toute éternité, pour
leur retour. Le papillon jonquille ou citron, cher
au chasseur et qui éclôt aux premiers rayons de soleil, semble être leur émissaire. Elles voyagent par
vols épars, et il est sage, lorsqu'on en trouve une
au bois, de battre les alentours ; la certitude est
grande qu'on en trouvera plusieurs. Comme leur
vue est très sensible à la grande lumière, c'est au
crépuscule et à l'aube qu'elles prennent leurs

grands ébats, quittant les fourrés pour verroter en plaine et faire leurs ablutions, en personnes pro-prettes, aux mares et aux flaques d'eau. A la nuit close, elles se mettent en voyage, préférant, elles, les nuits les plus claires; à ce point que les chasseurs par longue expérience appellent la pleine lune de novembre la lune des bécasses. On les dis-tingue généralement en deux variétés, la grosse et la petite, celle-ci quelquefois de taille minuscule; mais tous les naturalistes s'accordent à n'en re-connaître qu'une seule et unique espèce, les petites étant les mâles, à taches plus larges et plus foncées, ou même les tard-venues n'ayant pas encore at-teint leur complet développement.

Nos anciens nous ont rebattu les oreilles d'his-toires merveilleuses de bécasses. Mon père, par exemple, de toute une poudrière usée à amorcer son fusil (c'était le bon temps des fusils à pierre), par un brouillard des plus humides, sur une nuée de dames au long bec qui lui partaient entre les jambes, de tous côtés : un de mes vieux amis, de vingt-cinq bécasses occises en un jour. Belle au-baine, en vérité ! etc., etc.— A tout prendre, et parce que nous connaissons déjà des éventualités des migrations, c'étaient là des chances heureuses, mais accidentelles, de passages spéciaux ou d'ac-cumulations dans un même lieu. Selon l'usuelle coutume, on en conclut tout droit à l'extinction prochaine de la race.

Je ne suis pas aussi humoriste, et pour rassurer les attristés, mon ami Toussenel en tête, voici un renseignement précis. Mon honorable correspondant de la Haute-Saône, M. Petitclerc, grand chasseur de bécasses devant le Seigneur, ne se contente pas d'affirmations vagues, il note jour par jour ses rencontres. J'ai sous les yeux un de ses relevés pour une période de douze ans, de 1862 à 1874 ; j'examine, et je vois que l'avantage est précisément à la dernière année. Autre détail instructif : les chiffres les plus élevés se retrouvent de cinq en cinq ans ; ils vont en diminuant, puis remontent, et ainsi de suite : avis aux amateurs !

— Mais voici un autre exemple : le précoce et rigoureux hiver de 1879 a eu des effets remarquables sur les migrations, et les chasseurs du Sud-Ouest l'ont marqué d'une croix blanche (à double motif), ainsi que me l'écrivait M. de Cugnac. Tout d'abord les bécasses arrivèrent plus tôt que de coutume ; puis, le froid devenant plus intense dans le Nord et dans le centre de la France, toutes déguerpirent en masse, appuyant en grand nombre à l'Ouest pour trouver une température plus bénigne. A leur point de station du bassin de la Garonne, on en rencontrait jusque dans les bosquets

des jardins, et les chasseurs du pays d'Arcachon
en tuèrent 25 et 30 par jour ; sans parler des palmipèdes qui foisonnaient sur les rivages.

C'est là un de ces cas d'accumulation par influence accidentelle dont je parlais, et avant de se
désoler, il faudrait considérer le vaste champ des
espèces, leur population formidable, et bien se
rendre compte des causes et des motifs ainsi que
de leurs effets.

*
* *

J'indique sommairement en passant les Barges
(*Limosa*), qu'on pourrait surnommer les grosses
bécasses des marais, les Rales d'eau (*Rallus aqua-
ticus*), les Marouettes (*Gallinula porzana*), les
Poules d'eau (*Gallinula chloropus*), les Foulques
(*Fulica atra*), les Morelles, Macroules, etc. : population des marécages, pour la plupart migrateurs d'arrière-saison, assez peu communs dans
les terres sèches de l'intérieur, mais abondants sur
le littoral.

Il faudrait tout un volume sur ces races palu-
déennes, ainsi que sur les aquatiques, mais écrit
par un praticien de longue date, et je décline toute
compétence, en ma qualité de *terrien* des hautes
terres. Je m'en tiens donc aux groupes les plus con-

nus du commun des mortels, et bien suffisants
pour fixer la théorie.

*
* *

Les Pluviers (*Charadrius*) et les Vanneaux (*Van-
nellus*) confondent trop souvent leurs rangs en

Barges.

voyage, et leurs habitudes sont tellement semblables, qu'il est vraiment inutile de les séparer, ce
qui sera dit des uns s'appliquant aux autres.

Ces grands migrateurs des terres humides nichent assez avant au nord, dans les grandes plai-

nes d'en-deçà de la Baltique. Les œufs de vanneaux

Rale.

Poule d'eau.

d'un vert très foncé et de la grosseur d'un très

petit œuf de poule, sont en grande réputation gastronomique : on en consomme et on en expédie, de Hollande principalement, des quantités

Foulque.

considérables ; le haut prix auquel ils sont cotés sur place, 0 fr. 50 la pièce, est bien fait pour allécher la convoitise. C'est là un genre de destruction plus ou moins recommandable d'un oiseau utile au premier degré. Les Hollandais, qui sont très friands de cet aliment, disent pour se disculper que les vanneaux, ne valant rien par eux-mêmes, contrairement au proverbe, sujet à caution,

il est vrai : *Qui n'a mangé pluviers ni vanneaux ne
sait ce que gibier vaut :* c'est bien le moins qu'ils se
dédommagent sur leurs œufs ; que du reste, ils n'enlèvent que la première ponte, et que les femelles,
très prolifiques de leur nature, ont bien vite réparé

Pluvier.

le mal. Il est de fait que, dans les immenses plaines de leurs stations estivales, la destruction
n'agit guère que sur une part infime, et nous les
voyons toujours apparaître en nuées, chaque année, sur les points à leur convenance. A certains,
temps, les arrivages à Paris en sont formidables.

La saison de pluie, assez générale à l'équinoxe

d'automne, est pour eux le signal du départ. Ils
savent que c'est l'époque où les vers de terre, les
lombrics, émergent du sol, à la nuit, pour l'accouplement, et que la pâture sera plantureuse. Ils pas-

Vanneaux huppés.

sent de jour, par grandes bandes transversales, et
à peu de hauteur, pour bien inspecter les lieux.
Leur itinéraire est tracé par les grandes plaines
où ils font de fréquentes stations, pâturant surtout la nuit, avec cette curieuse habitude, que
les pêcheurs mettent aussi en usage, de battre le

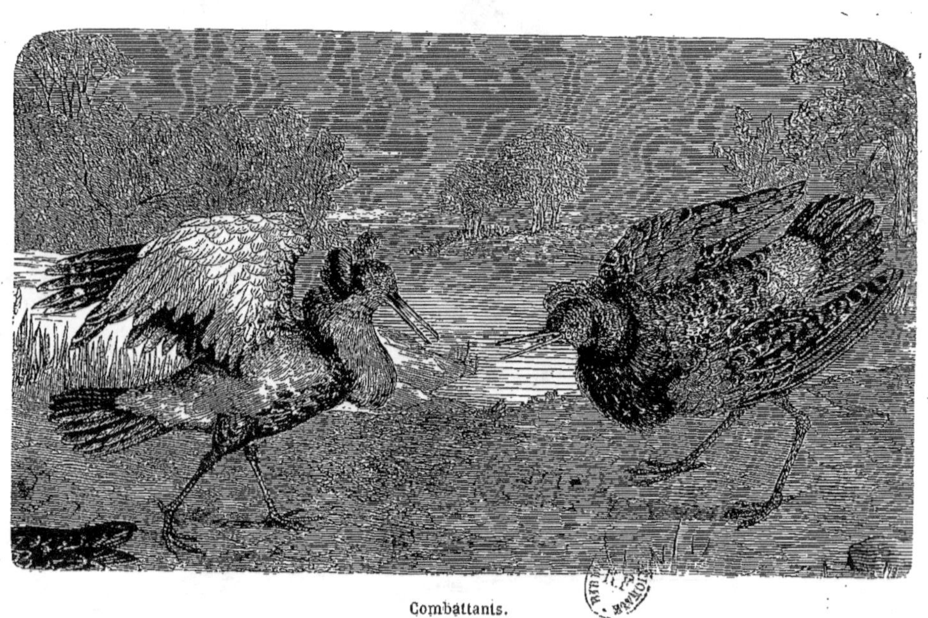

Combattants.

sol avec leurs pattes pour comprimer les bestioles et les obliger à sortir ; mais régulièrement, chaque matin, ils se rendent aux grèves pour y faire leurs ablutions. C'est un instant propice pour les affûter, car, hors de là, ils sont toujours en éveil, et des sentinelles font le guet pour les avertir de tout danger. Dans les lieux de grands passages, on les chasse aux filets battants et on en prend des quantités considérables. Après avoir séjourné tout le long de leur route et surtout dans les contrées méridionales, leur vol rapide et soutenu les porte en Afrique, où ils font de longues excursions.

Leur retour s'effectue de la même manière, dès les premiers jours de mars ou mieux après le dernier dégel ; car ils sont de ceux d'entre les migrateurs dont on peut présager, lorsqu'on les revoit, que l'hiver est bien fini.

*
* *

La grande tribu des oiseaux de rivage renferme bien des genres et nombre de familles dont les membres sont pour la plupart exclusivement maritimes et, par suite, sont peu connus et fort peu susceptibles d'être observés, sauf quelques exceptions, partout ailleurs que sur les littorals. Du reste, leurs habitudes de migration sont aussi à

peu près les mêmes : arrivée avec les premiers
froids, vie errante sur les rivages, en suivant l'a-
baissement de la température ; retour dans les mêmes conditions dès que l'hiver cède. En voici les
principaux genres, hors quelques beaux spécimens
exotiques et de migration rare ou accidentelle dont
il sera parlé ultérieurement.

Les Bécasseaux (*Tringa*) qui comptent sept variétés dont le plus beau type est le Combattant
(*Tringa pugnax*), ainsi nommé de son humeur
querelleuse.

Les Chevaliers (*Totanus*, en provençal le
Charlo), le genre type et le plus élégant parmi
les élégants de cet ordre ; excellent gibier, d'ailleurs, comme tous ses congénères. Six genres :
le *Chevalier gambette*, le *Chevalier stagnatile*, le
Chevalier sylvain, le *Chevalier guignette*, le *Chevalier aboyeur* et le *Chevalier cul-blanc*. Je dirai
quelques mots de ce dernier qui diffère complètement par son habitat et ses mœurs.

Le Chevalier cul-blanc (*Totanus Ochropus, Gra-
veline* en divers pays du centre : le *Bécasseau* de
Buffon) est indigène comme d'autres, du reste, et
habite les rives de nos rivières et de nos lacs. Il

est beaucoup plus modeste de forme, de toilette

Chevaliers.

et de volume que tous les autres; sa taille est celle

Chevaliers cul-blanc.

d'une bécassine ordinaire, et il est beaucoup plus

précoce aussi dans sa migration. Dès le mois de
juillet, réuni en famille, il commence ses vols
d'entraînement, en décrivant de grandes évolutions à la surface des eaux et en poussant des cris
aigus, à la manière des martinets. C'est un fin
petit gibier qu'on a le tort généralement de ne

Courlis.

pas chasser en France. Dès le milieu d'août, il se
met en route ; on le trouve, alors, le long de nos
plus petits cours d'eau vive, par groupe, par
couple ou isolément. Il doit revenir assez tardivement, en avril, je suppose.

Les Courlis (*Scolopax arquata*, au long bec re-

courbé), façon d'ibis de nos climats, qui, bien que
préférant les plages du littoral, sont aussi de passage dans l'intérieur des terres, stationnant dans
les prairies humides et le long des cours d'eau,
mais en petit nombre et tout à fait en camp-vo-
lants, à leurs deux migrations d'octobre et de
mars. Ils vont en Afrique et fort au loin, car on
les retrouve identiques à Madagascar.

Je laisse de côté de nombreuses espèces plus
rares ou exotiques, dont il sera fait mention dans
le chapitre des migrateurs accidentels.

*
* *

A elle seule, la race immense des oiseaux aquatiques proprement dits ou des *palmipèdes* demanderait un *in-folio* en quatre-vingt-dix-neuf chapitres, pour être traitée *in extenso*. Comme nous
le savons, leur épais et chaud vêtement de duvet
et de plumes, imperméable à l'eau, à l'humidité,
au froid, de même que la grande vertu prolifique
dont la nature les a dotés, marquent leur haute
destination : peupler, animer, exploiter la région
arctique. Là, ils trouvent des eaux vives ou sta-
gnantes toujours abondantes et amplement pour-
vues de végétaux, de bestioles, de *frais* et de *fretin*
de poisson. C'est leur patrie, leur contrée d'élec-

tion, qu'ils ne quittent que contraints par la force
des choses, lorsque l'excès d'abaissement de température leur ferme la surface des eaux, leur
champ d'existence. Ils émigrent alors, mais à regret et se hâtent de revenir dès que la température se relève; par les hivers d'alternances de
froid et de tiède, c'est un va-et-vient pérpétuel
fort apprécié des chasseurs. Telle est leur loi
commune.

Le cercle polaire, voilà leur domaine. Bons voiliers pour la plupart, ils y circulent à leur convenance; passant d'Europe ou d'Asie en Amérique,
soit par le détroit de Behring, soit par le Spitzberg
ou les Ferroë et l'Islande, avec autant de facilité
que les migrateurs du Sud traversent la Méditerranée, et plus encore; car ils ont, eux, la latitude
de se reposer sur les flots quand bon leur semble.
Il en résulte que toutes les espèces sont à peu près
communes à la superficie de notre hémisphère,
et que, bien qu'une espèce de canard, le *Col-vert*
des chasseurs, l'*Anas boschas* des savants, soit
plus spécial à notre continent, nous en voyons
apparaître, chaque hiver, un nombre considérable de variétés.

Après ces considérations générales, l'histoire
de leur migration particulière sera simple.

Le Cygne (*Anas cygnus*), par la magnificence de sa forme et l'ampleur de son vol, tient la tête de l'ordre. Tout à fait indigène du Nord, il s'accli-

Cygnes.

mate très bien, comme on sait, sous le climat de notre zone tempérée. Sur le lac de Genève, après quelques tentatives et avec des soins, les cygnes sont devenus aujourd'hui sédentaires et à demi civilisés. C'est un exemple de compensation, qui

peut s'étendre à d'autres espèces et remédier à
la pénurie des oiseaux dont on se plaint. Dans
leur région natale, très farouches de leurs cantonnements envers leurs semblables, ils vivent
par couples solitaires ; mais à l'automne, ils se
réunissent en troupe. Très bons physiciens de
leur nature, ils ont reconnu de longue date que
l'agitation de l'eau empêchait la congélation ;
chaque matin et chaque soir, à l'heure où le froid
est le plus intense, ils se livrent à des mouvements d'ailes vigoureux qui probablement leur
sont nécessaires pour combattre l'engourdisse-
ment, mais qui agitent fortement la surface de
l'onde et retardent d'autant le moment où ces oiseaux devront suivre la règle générale. Les cygnes
en voyage se disposent en longues lignes régulières ; seulement ils n'arrivent guère sous notre
zone qu'isolément ou deux par deux, ce qui ne
les empêche point de s'avancer assez loin au sud.

L'espèce des Oies (*Anas anser*), qui comprend
plusieurs variétés, est caractérisée chez nous par
l'*Oie sauvage* proprement dite (*Anas segetum*), la
plus abondante. Il m'est arrivé d'en voir des vols
accidentels à la mi-septembre, par de gros temps ;
mais c'est en novembre qu'on a chance de les rencontrer. Elles stationnent et pâturent le jour dans

les champs et gagnent le soir les grands étangs ;
seulement bien malin le chasseur qui peut les
approcher à distance propice ; ce n'est guère que
le hasard qui donne cette aubaine. Une fois, je

Oie sauvage.

manquai une belle occasion. Je revenais de la
chasse à la chute du jour, et, approchant du logis, je déchargeai mon vieux fusil à baguette sur
des corbeaux. Cent mètres plus loin, *pin!!!...*
pan!!!... dans la plaine ; en même temps, je vis
se lever une magnifique troupe d'oies qui vint
passer droit sur ma tête, à dix mètres de hauteur.
Mon espingole vide, je dus me contenter de les
regarder passer.

Lorsqu'elles se lèvent, elles partent en bande confuse, et ce n'est que plus tard qu'elles prennent leur vol spécial, par file indienne, si elles sont peu nombreuses, en angle et espacées régulièrement si elles le sont davantage. Ce vol géométrique, commun à nombre de palmipèdes, est fort surprenant. Se fondant sur une observation vicieuse, à savoir que les oiseaux, placés dans cet ordre, volaient à la *queue-leu-leu* les uns des autres, on a dit vaguement jusqu'ici que cette disposition leur était plus favorable pour fendre l'air ; mais la question n'est que déplacée, car pourquoi tous les oiseaux volant en troupe ne l'adoptent-ils point?— Et on a ajouté que l'oiseau de tête avait seul à supporter le premier effort et que les autres en étaient d'autant allégés ; que, lorsque ce chef de colonne était fatigué, il cédait la place au second, et ainsi de suite.— M. le comte d'Esterno, un chasseur-naturaliste autorisé, démontre, dans un livre d'une observation rigoureuse sur le *Vol des oiseaux*, que, s'il en était ainsi, l'oiseau de ligne, trouvant devant lui un air tourmenté, troublé par les mouvements de celui qui le précède, serait incapable de voler parce qu'il manquerait de point d'appui ; qu'à l'inverse, chaque oiseau vole parallèlement à tous les autres et non dans un axe commun, de telle sorte qu'il a per-

pétuellement devant lui sa portion d'air intacte.
Ceci est plus positif et plus conforme à la réelle
théorie du vol, mais ne nous dit pas encore la
solution dernière, la raison d'être de cette locomotion bizarre. Nous avons déjà vu que tous les

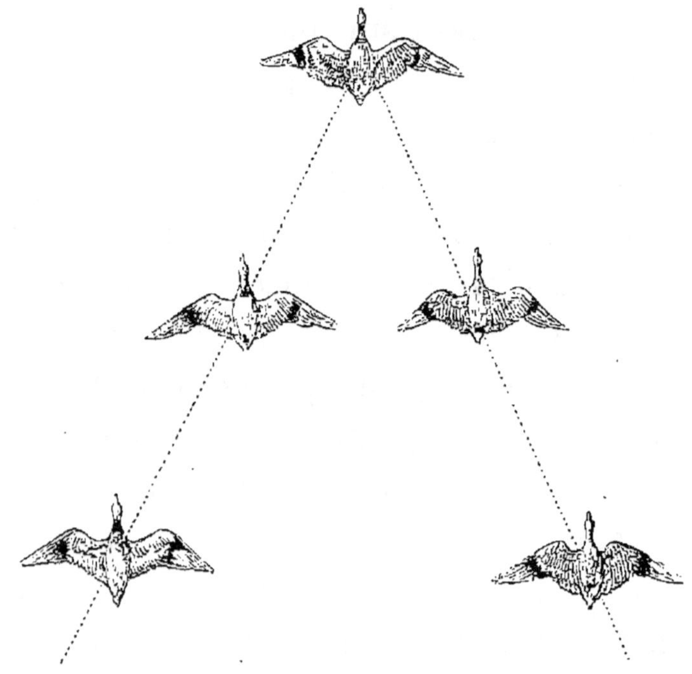

Vol triangulaire.

oiseaux voyageant en troupe ont, en y regardant
de près, leur ordre particulier de marche, dont
le plus étonnant est certainement le vol tourbil-
lonnant des étourneaux. J'en recherche la cause,
qui ne peut être, à mes yeux, que la résultante
des conditions du vol propre à chacune de ces

espèces, et, aidé par l'observation de M. d'Esterno, j'en conclus, dans l'exemple présent, que les palmipèdes à queue courte, manquant par conséquent d'un gouvernail suffisant, à long cou qu'ils sont obligés d'étendre pour maintenir leur équilibre, n'ont pas relativement le vol aussi

Canards sauvages.

souple en direction que la généralité des autres espèces et sont astreints à cet ordre de marche régulier sous peine de s'entraver, de se gêner mutuellement. Ceci ouvrira la voie, je crois, à d'autres explications.

On a fait cette remarque que les oies, comme bien d'autres oiseaux, volaient haut par le temps clair et sec, volaient bas par les temps brumeux,

et on a pensé qu'elles agissaient de la sorte dans
cette dernière circonstance, pour se guider, à défaut de l'horizon, par les configurations du sol.
Comme tous les autres volatiles, elles sont elles-mêmes leur propre boussole, et il y avait une
raison physiquement plus simple, c'est que l'air,
humide et moins dense, alourdit leurs ailes et
forcément abaisse leur vol.

Maintenant, jusqu'à quelle latitude méridionale
s'avancent-elles? Fort loin, à leur convenance,
selon toute probabilité; car l'espèce, comme celles
d'autres de leurs congénères, se retrouve identique dans l'hémisphère austral. — Elles remontent définitivement, lorsqu'elles sont assurées que
leurs pénates de l'extrême nord sont libres pour
les recevoir, en mars, même en avril; mais elles
sont pressées alors, voyagent par grandes étapes,
et on les entend passer la nuit plus qu'on ne les
voit de jour.

La famille des Canards (*Anas*) est si nombreuse
en variétés et d'une si grande puissance de prolification, qu'elle pourrait à elle seule peupler la
surface de la terre.

Le Canard sauvage proprement dit (*Anas boschas*), le beau *Col-vert* des chasseurs, type primitif de nos canards domestiques, niche dans toute notre zone tempérée et s'étend jusqu'aux régions polaires. La femelle couve de 10 à 25 œufs et recommence plusieurs fois. Il faut un froid sérieux, de 5 à 6° au-dessous de zéro, c'est-à-dire assez vif pour congeler la surface des eaux

Canards Pilets.

tranquilles pour le décider à émigrer. Il s'éloigne alors, se dispersant partout où il rencontre des eaux ou sources chaudes qui lui permettent de vivre, mais il revient bien vite, dès que le froid cesse. C'est ainsi que nous le rencontrons jusqu'au fond de nos vallées montagneuses, et ce qui fait que les temps variés, les alternances de gel et de dégel, sont les plus favorables à sa chasse ; il passe et il repasse sans cesse, alors. A la fin de

la saison, les passages sont encore assez divers ;
mais, dès le mois de mars, tous regagnent leurs

Macreuse.

pénates et, en avril, ils sont en plein travail de
reproduction.

Au Col-vert se joignent un nombre infini d'espèces : le Tadorne (*Anas tadorna*), le Chipeau ou
Ridenne (*Anas strepera*), le Pilet ou *Canard à*

longue queue (*Anas acuta*), le Siffleur (*Anas penelope*), le Souchet (*Anas clypeata*), le Milouin (*Anas ferina*), le Morillon, la Macreuse (*Anas ni-*

Chasse aux canards.

gra), le Harle (*Mergus*), les Sarcelles d'été et d'hiver, etc., sans compter quelques types exotiques qui viennent d'on ne sait où, d'Amérique, d'Asie, car toute la terre leur appartient d'un pôle à l'autre.

Leurs habitudes de voyage sont les mêmes que celles des grandes espèces des cygnes et des oies, sauf un détail : les canards se remisent en mer ou sur les grands étangs pendant le jour et vont pâturer dans les champs ou les eaux peu abondantes la nuit. Comme c'est un beau et bon gibier, la difficulté et la rudesse du métier aidant même, leur chasse a ses adeptes fanatiques. Le chien d'arrêt, l'affût, les appelants, les engins de toute sorte, tout est bon pourvu qu'on soit patient et habile, car la vigilance de ces oiseaux est des plus grandes.

Chaque année on voit apparaître, dans les journaux, ce cliché consacré : « On a vu passer de grands vols d'oies, de canards, signe certain d'un hiver précoce et rigoureux. » — Nous venons de voir ce qu'il en faut penser : c'est-à-dire que l'hiver sévit ou va sévir dans l'extrême nord tout simplement; mais ce n'est point là une raison pour qu'il vienne jusque chez nous. On pourrait tout aussi bien dire, et souvent à tort, de leurs allées et venues, que la fin de l'hiver est proche, tandis qu'il n'en serait rien du tout. Les migrateurs du Sud sont plus positifs dans leurs agissements : nous en verrons de nombreux exemples.

CHAPITRE V

MIGRATEURS DU SUD

La migration directe au sud, en tenant compte de la réserve qui a été faite d'une inclinaison forcée à l'ouest, déterminée par la disposition des terres des deux continents européen et africain dans cette dernière direction, est la plus normale, et devait comprendre la grande part de nos espèces migratrices. En face de cette multiplicité de sujets qui vont passer rapidement, à tire-d'aile, devant nos yeux, un ordre rigoureux est nécessaire pour éviter la confusion et conserver à ce grand mouvement son aspect le plus pittoresque. Voici celui que je crois devoir adopter : prendre, par ordre de date, les premiers migrateurs de l'automne de tous les genres de cette multitude d'oiseaux ; grouper immédiatement à leur suite tous leurs congénères, et passer successivement ainsi toutes les principales espèces en revue ; et encore je ne réponds pas d'en omettre, un peu volontairement, quelques-unes des moins intéressantes, pour alléger ce long chapitre.

Cela dit, ce sera un groupe de l'ordre des *passereaux* qui ouvrira la marche. La classification scientifique comprend sous ce nom un nombre considérable d'espèces dont elle ne savait probablement que faire, comme l'insinue spirituellement Toussenel, car elles sont souvent bien dissemblables. Comment comparer, par exemple, et réunir dans une même catégorie, un corbeau et un colibri, un martinet et une fauvette de buisson ? Ce nom a été inspiré sans doute d'un vieux mot français, *passeret* ou *passerot* (du latin *passer*, passer, circuler, être toujours en mouvement), encore en usage dans certaines provinces pour désigner le merle de roche ou solitaire. Car si cette désignation avait la prétention de spécifier l'action d'émigrer, elle serait des plus fausses, en ce sens que cette action est commune à tous les ordres, à tous les genres, et qu'elle n'est la loi d'aucun en particulier. Cette distinction était dictée par notre sujet.

Mais Toussenel a épuisé la critique de la classification officielle avec une verve des plus gauloises et, en observateur judicieux de la nature sous son véritable aspect, la *vie*, en indiquant en même temps un remède au mal. Nous n'avons donc pas à y revenir, sinon lorsque *l'occasion forcera le larron.*

Les Martinets de nos cités (*Cyspelus murarius*), ou *martinets noirs*, avec la régularité d'un chronomètre, quittent notre zone d'observation du 28 au 30 juillet, et nous reviennent du 2 au 4 mai. Cette régularité et cette précocité de migration ont, il me semble, une commune origine. Le martinet fait sa pâture des insectes qu'il happe, dans son vol, de sa gueule visqueuse et fendue jusqu'aux oreilles. Ce vol étant habituellement très élevé, l'oiseau doit s'en prendre surtout aux insectes qui s'élèvent le plus haut dans l'atmosphère, et qui sont précisément soumis les premiers au refroidissement qui hâte leur évolution aérienne, de même qu'au printemps ils sont des derniers à sortir de leurs larves pour trouver dans les hautes régions de l'air la température dont ils ont besoin; et les martinets doivent naturellement compter sur les phases d'existence de ces insectes, sous peine d'abstinence.

Dès que les jeunes sont sortis du nid où ils ont demeuré longtemps pour permettre à leurs ailes, leur seul moyen de locomotion, de prendre leur entier développement, la famille, réunie en groupe compacte, commence ses entraînements de voyage, le matin et le soir, par de grandes circonvolutions et en poussant des cris aigus.

Martinets.

Après quoi, toute la tribu d'un même lieu se rassemble en bande, tournoyant dans le ciel avec des cris fort différents, assez semblables à celui du petit épervier dit *crécerelle*; et un beau jour, le temps étant venu, tous ont disparu simultanément, sans qu'on ait pu préjuger de leur direction, absolument comme ils nous sont arrivés au printemps.

Buffon nous dit que, redoutant beaucoup la chaleur (la preuve en est, à ses yeux, qu'ils se tiennent blottis dans leurs trous de rochers ou de murailles au milieu du jour), ils se dirigent d'abord au nord pour redescendre ensuite au sud à l'arrière-saison. Il cite à l'appui quelques vols revus en septembre et même en novembre. Or, voici ce que j'ai vu moi-même récemment : à la fin d'octobre de l'année 1875, au soleil couchant, une troupe nombreuse passait en tournoyant au-dessus de moi, poussant ses cris de crécerelle qui précisément me firent relever la tête, et s'éloignait au sud ; à l'inverse, le 18 août 1877, vingt jours après la disparition des indigènes du pays, deux martinets, évidemment des retardataires, passaient sur ma tête à sept heures du matin, décrivant de grandes orbes qui allèrent se perdre droit au nord. Plus encore, un grand vol *crécellant* prenait, le 20 septembre, la même direction. J'écrivis immédiatement à mon correspondant d'Anvers pour lui communiquer ces observations et le prier de me dire comment se comportaient les martinets dans sa contrée et plus au nord, si possible. Il me répondit qu'il ne s'était jamais bien rendu compte des agissements de ces oiseaux, mais que, dans sa localité, on en voyait encore au 15 août généralement. Ce simple renseignement suffit à démontrer que ce n'est pas l'appréhension du froid qui les fait fuir de notre latitude, et qu'il est dès lors probable qu'ils vont d'abord à la recherche des générations d'insectes de leur choix, nécessairement plus tardives en avançant au nord, pour revenir ensuite au sud, leur vraie direction de migration[1]. Le même fait va se représenter à propos des hirondelles : il touche à une question plus générale qui a été soulevée souvent, à savoir si un certain nombre d'espèces ne suit point d'abord la maturité des graines, des fruits, ou l'apparition d'autres nourritures, en remontant au nord, pour redescendre ultérieurement au sud. Nous aurons occasion d'y revenir.

---

1. Depuis, et à peu près chaque année, aussi bien sur le littoral de l'Ouest que dans les montagnes de l'Est, j'ai vu les mêmes particularités se représenter, et M. della Faille, d'Anvers, mis en éveil à ce sujet, m'écrivait à la date du 27 septembre 1870 : « J'ai entre autre observé le départ des Martinets au mois d'août vers le nord, et leur retour vers le sud à la seconde moitié de septembre. » — Je dois donc considérer maintenant cette double marche de migration comme certaine dans le groupe des *Chélidons*.

La variété du martinet noir, le Martinet a ventre blanc (*Gyselus albinus*), plus fort de taille, au vol plus puissant et plus élevé encore, a besoin de la pleine campagne pour s'ébattre à l'aise ; elle fuit nos villes et niche dans les rochers, et peut-être dans les vieux arbres. Ses allures de migration sont encore plus obscures ; mais il est probable qu'elles sont les mêmes que celles de leurs confrères.

Toussenel rapporte que le naturaliste italien Spallanzani a calculé que les martinets faisaient quatre-vingts lieues à l'heure, ce qui fait un vol de quatre-vingt-neuf mètres à la seconde. On conçoit alors la facilité de la locomotion de ces êtres privilégiés et la difficulté d'observation de leur marche : en quelques heures, ils peuvent franchir toute la zone tempérée ; en quelques autres, se transporter à l'Équateur et par de là, si bon leur semble, car l'espèce est répandue sur les deux hémisphères. Mais, néanmoins, cette vélocité hors ligne n'est pas suffisante pour admettre leur passage direct des côtes de France ou d'Afrique sur le continent américain, où ils existent également, si ce n'est par la route plus courte de l'extrême nord ; car cette traversée exigerait un vol soutenu de soixante heures et de cette même vitesse ; bien que nous sachions que ces oiseaux se sustentent, dorment et se livrent à tous les actes de la vie dans l'atmosphère, leur véritable élément [1].

Une troisième famille se rattache à ce premier groupe du genre Chélidon (dont la signification grecque est purement et simplement *Hirondelle*), c'est celle des Engoulevents (*Caprimulgus europæus*). Or, ici, le *larron* a la main forcée par l'occasion.

Guéneau de Montbelliard, le collaborateur de Buffon et un père de la science, dit : « *Lorsqu'il s'agit de nommer un animal, ou, ce qui revient presque au même, de lui choisir un nom parmi tous les noms qui ont été donnés, il faut, ce me semble, préférer celui qui présente une idée plus juste de la nature, des propriétés, des habitudes de*

1. M. D'Esteron critique cette assertion *dorment dans l'atmosphère*, et demande à quel signe on peut reconnaître le sommeil, si ce n'est aux yeux fermés. Or il doute que jamais personne ait pu s'assurer que les martinets les aient clos à la hauteur où ils se tiennent dans leur vol. Toussenel admet que la Frégate, dans ses grandes excursions, se repose et dort en l'air, et, j'ai émis l'idée du sommeil des Martinets d'après cette observation : j'ai habité durant plusieurs années le voisinage d'une cathédrale, séjour d'une nombreuse colonie de ces oiseaux, et j'en ai maintes fois vus, dans les beaux jours, se tenir en l'air, en quelque sorte immobiles ; c'est-à-dire, ne faisant que de minimes mouvements pour se maintenir contre la brise, et cela pendant un certain laps de temps : de là à supposer qu'ils faisaient une sieste, il n'y avait qu'un pas ; et je l'ai admis n'en voyant pas d'autre explication et en considérant l'aisance et la facilité de vol dont ils sont doués et qui leur permettent de se livrer à d'autres actes fort délicats, tels que l'accouplement,

cet animal, et surtout rejeter impitoyablement ceux qui tendent à accréditer de fausses idées et à perpétuer des erreurs. C'est en partant de ce principe que j'ai rejeté les noms de Tette-chèvre, de Crapaud=volant... donnés par le peuple ou par les savants, à l'oiseau dont il s'agit. Le premier de ces noms a rapport à une tradition, fort ancienne à la vérité, mais encore plus suspecte; car il est aussi difficile de supposer à un oiseau l'instinct de teter une chèvre que de supposer à une chèvre la complaisance de se laisser teter par un oiseau; et il n'est pas moins difficile de comprendre comment, en la tetant réellement, il pourrait lui faire perdre son lait... » — Et c'est précisément sur cette fable que les naturalistes ont basé ce nom générique de *Caprimulgus europæus*, littéralement *tetteur de chèvre d'Europe!* — Passant sous silence le nom de *Gypselus* (plâtreux), donné aux martinets noirs, et qui n'exprime rien, le larron dit carrément que c'est abuser du grec et du latin.

L'*Engoulevent*, ainsi nommé habituellement par sa large gueule, niche en France à peu près partout. Son habitat est sur les coteaux pierreux exposés au soleil. On l'y rencontre fréquemment au mois de septembre, en chassant la perdrix ou le lièvre, étalé ou endormi aux chauds rayons du milieu du jour. Mais que nos confrères en saint Hubert l'épargnent : c'est un oiseau utile au premier chef, et ils seraient mal récompensés de leur

Engoulevent.

exploit. Il m'est arrivé, dans une circonstance pareille, d'en tuer un, surpris que j'étais de ces deux grandes ailes et d'un vol insolite qui passait devant mes yeux à l'improviste, et, sur la foi des anciens, je le joignis à un salmis de menus volatiles. *Pouah!!!...* Je compris alors son surnom de *crapaud-volant* qui lui est donné en quelques lieux : il avait empesté tout le reste, qui fut bon pour les chats [1].

1. Cependant une dame digne de foi, chasseresse et gastronome.

Myope de nature et n'y voyant qu'au demi-jour, il descend dans les plaines, au crépuscule et à l'aube, pour capturer les insectes, sa seule nourriture. Quant à sa migration, il disparaît à la fin de septembre et nous revient aussi mystérieusement en avril ou en mai.

Passons aux vraies HIRONDELLES, qui sont représentées en Europe par quatre variétés seulement, bien que l'espèce comprenne un beaucoup plus grand nombre de types : l'HIRONDELLE DE FENÊTRE, ou *à cul-blanc* (*Hirundo urbica*); l'HIRONDELLE DE CHEMINÉE, *à gorge rousse* (*Hirundo rustica*); l'HIRONDELLE DE ROCHERS, de couleur grise (*Hirundo montana*); l'HIRONDELLE DE RIVAGE, la plus petite (*Hirundo riparia*).

Dès la seconde quinzaine d'août, les hirondelles de fenêtre commencent à se rassembler et à se concerter. Ce sont généralement les toits de nos grands édifices qui servent de points de réunion. Les assemblées deviennent de jour en jour plus nombreuses, au fur et à mesure que les dernières nichées prennent leur vol; on presse celles

m'affirme qu'ailleurs, dans la forêt d'Orléans, par exemple, où il abonde, il est très mangeable et même fort bon. En tout cas, c'est un chétif gibier, car, déplumé, il est à peine plus gros qu'une alouette.

en retard et qui deviennent alors l'objet des soins
empressés pour hâter leur essor ; jeunes et vieilles,
ainsi que les voisines compatissantes, s'en mêlent

Hirondelles de fenêtre.

et apportent la pâture. Les *meetings* s'animent de
plus en plus : les oiseaux ont alors un pépiement
spécial ; quelques-uns volent à l'entour, ou vont

Rassemblement des hirondelles.

et viennent au loin. Puis un beau jour, aux environs du 20 septembre, un peu plus tôt, un peu plus tard, suivant la température et le temps de la saison, on n'en revoit plus.

Une observation, ancienne pour moi, m'intriguait fort. Lorsque nous chassons l'alouette au miroir, à la fin d'octobre, nous voyons passer journellement de grands vols épars d'hirondelles, tirant droit au sud, d'un vol égal et soutenu, en rasant les champs ; et je me demandais si les habitantes du nord, plus aguerries, prolongeaient ainsi leur séjour. L'automne de 1877, très varié de temps et de température, devait encore m'apporter, de même que pour les martinets, un grand éclaircissement. En raison des conditions atmosphériques, pluvieuses et froides, de septembre, le départ avait été très précoce dans ma localité. Le 17, alors qu'il n'en paraissait plus depuis plusieurs jours, j'en revis quelques couples dans la journée volant rapidement au nord. Les jours suivants mêmes observations ; plus encore, des volées entières ; et ainsi de suite jusqu'à la fin du mois. De son côté, M. Pellicot nous dit qu'elles ne quittent la Provence qu'en octobre. Il n'y a donc plus à hésiter : les hirondelles, elles aussi, remontent au nord pour redescendre ensuite ; du moins celles dites *culs-blancs*, de beaucoup les plus nombreuses et les mieux observées.

L'*Hirondelle de cheminée* annonce moins son départ par ses rassemblements; elle nous quitte quelques jours avant sa sœur, mais dans les mêmes conditions de première fugue au nord, car

Hirondelles de cheminée.

j'en ai revu en arrière-saison, et elle nous revient un peu plus tôt.

L'*Hirondelle grise de rochers* n'est répandue en France que plus au sud, où elle habite les roches et les hautes falaises. Elle arrive vers le 10 mars et repart la dernière ; un certain nombre demeure même sédentaire dans les rochers bien exposés du littoral méditerranéen.

L'*Hirondelle de rivage*, la plus petite, niche

Hirondelles de rivage.

dans les trous qu'elle creuse elle-même dans les berges. Il ne faut point la confondre avec l'oiseau d'assez grande taille que l'on nomme communément *Hirondelle de rivière*, ou mieux *de mer* (le *Sterne*), et qui n'est autre qu'un oiseau maritime, aux pattes demi-palmées et se nourrissant de poisson, égaré en quelque sorte sur nos grands cours d'eau. La véritable disparaît en même temps que celle de fenêtre et revient en avril : ce pourrait être celle-ci qui, par quelques faits exceptionnels, aurait donné lieu aux fables anciennes ; car il a pu arriver qu'on en ait retrouvé quelques-unes, malades et demeurées dans leurs trous sans avoir pu suivre leurs compagnes.

Les hirondelles sont d'excellents observateurs de la ligne isothermique, à leur retour du printemps. Ainsi, elles s'installent à Paris bien plus tôt que dans des contrées plus méridionales où les conditions locales retardent la température printanière, comme à diverses reprises j'ai eu l'occasion de le remarquer. Mais voici un fait plus caractéristique et qui prouve en même temps l'intelligence de ces oiseaux.

Au mois d'avril 1874, un manufacturier du Pas-de-Calais m'écrivait l'intéressante lettre qui suit :

« Dans ma fabrique, il y a plusieurs centaines d'hirondelles qui vont, viennent, chantent, se posent sur les métiers, si près des ouvriers que ceux-ci, s'ils le voulaient, pourraient les prendre à la main. Elles ont là leurs nids, elles y pondent, y élèvent leurs petits, à deux mètres de n'importe quel ouvrier. Et, chose étrange, on dirait que ces charmants oiseaux savent que les déjections de leurs oisillons pourraient gâter l'ouvrage ; on ne voit jamais d'ordures sous leurs nids. Ils emportent tout. Ils rentrent, ils sortent des milliers de fois dans une journée peut-être, en ne passant jamais que par la porte. Ils ne veulent pas se servir des fenêtres ouvertes. A cinq heures et demie du matin, la cloche sonne pour la rentrée des ouvriers, on leur ouvre la porte, et elles s'en vont en poussant de petits cris. A sept heures et demie du soir, quand la cloche sonne la sortie, toutes nos hirondelles rentrent au plus vite, de peur de coucher dehors, et je suis sûr qu'il en manque rarement à l'appel.

« Mais ces doux messagers du printemps sont d'une férocité rare pour n'importe quel oiseau qui se permet d'entrer dans les ateliers. Seules les hirondelles qui y sont nées ont le droit de cité. S'il survient une hirondelle étrangère, un malheureux pierrot, etc., toute la bande pousse des cris furieux. au point de dominer le bruit des métiers, et, en deux ou trois minutes, l'intrus est entouré et tombe mourant à nos pieds.

« D'autres savent peut-être comment dans une telle foule elles peuvent se reconnaître, mais ce qui étonnera surtout, c'est que, quand vous n'avez pas d'hirondelles à Paris, moi qui suis ici tout au nord de la France, à quelques lieues de la mer, dans un pays froid et humide, j'ai déjà les *miennes*. Peu nombreuses, il est vrai, ce sont les fourrières, et dans le pays il n'y en aura pas peut-être avant trois semaines.

« A leur arrivée elles se perchent sur les métiers, et entonnent un chant qui dure dix minutes au moins sans s'arrêter; jamais leur voix n'est aussi vibrante, aussi forte qu'alors. Ce sont des roulements à n'en plus finir, elles semblent exprimer le bonheur de nous revoir, et d'être enfin arrivées au but de leur lointain voyage. »

Cette lettre exprime surtout à merveille le sentiment d'affection, de respect, qu'on a dans le Nord pour les hirondelles. Il peut arriver que des amateurs, comme exercice de tir, en abattent quelques-unes; mais jamais pour en faire victuaille; on les regarde même comme immangeables. Il n'en est point de même dans le Midi : ont-elles acquis en route de plus grandes qualités gastronomiques? Je ne sais! Mais, profitant de leur habitude de se remiser le soir dans les joncs des marais ou du bord des fleuves, c'est par milliers qu'on les capture. On me dit même qu'on les réexporte par tonnes d'Italie dans le Nord. Ce fait, je l'avoue, serait bien capable de me faire passer dans le camp des protecteurs à outrance de tous les oiselets, car c'est d'une sauvagerie sans nom.

Comme ce livre a surtout pour but de rassembler tous les renseignements concernant les mouvements migratoires des oiseaux, et que les hirondelles vivant près de nous, sinon à nos portes, *à nos fenêtres*, c'est le cas de le dire, sont d'autant plus instructives quant aux faits généraux qu'il nous est moins donné d'observer; il est encore bon de consigner un incident que j'eus sous les yeux vers le 10 mai 1879, et qui était tout à fait de nature à dérouter la confiance que m'inspirent les êtres volatils en fait de perspicacité des modifications atmosphériques.

Arrivant à cette époque dans le bassin de la Garonne, j'y fus pris par un refroidissement subit de la température, avec pluie de neige fondue, à faire grelotter les humains eux-mêmes. Les pauvres hirondelles, voletant à peine, tant elles étaient affaiblies par le jeûne plus encore que par le froid, entraient dans les étables pour y picorer quelques moucherons autour des animaux, et le matin on en trouvait bon nombre mortes et tombées des nids. J'avais bien vu dans le parcours un fort passage de ces oiseaux, ainsi que de martinets, et je les avais pris pour des retardataires se hâtant de gagner leur station d'été. Mais arrivé à Marseille, où régnait une vraie température de la saison, j'appris qu'aux îles d'Hyères, mieux partagées encore, il y avait eu les jours précédents une véritable invasion d'hirondelles, à ce point qu'on était obligé de fermer les fenêtres pour s'en garantir. Bien que non infaillibles, j'en ai vu d'autres exemples, elles avaient été moins sottes que je ne l'avais supposé tout d'abord, et avaient fui en masse les régions refroidies qui leur offraient une si défavorable hospitalité; et si quelques-unes étaient demeurées, c'était évidemment qu'elles avaient été retenues par un motif grave, tel que le soin d'une nichée commencée.

On voit, par cet exemple, combien les observations purement locales seraient souvent défectueuses ou incomplètes.

*
* *

Logeons à la suite de ce groupe, pour n'y point revenir, deux oiseaux insectivores dont la classification européenne est elle-même assez embarrassée, car ils sont les seuls représentants de leur genre dans notre zone tempérée : je veux parler du *Coucou* et de la *Huppe*.

Le Coucou (*cuculus canorus*) est en effet un oi-

seau ambigu difficile à classer. Par son plumage
grisâtre, zébré transversalement, et par son vol, il
ressemble à l'épervier; par le bec et les pattes au
merle ou à la tourterelle. Ses mœurs sont encore

Le Coucou.

plus étranges. Comme on sait, il ne fait point de
nid, et charge d'autres espèces du soin de couver,
de nourrir et d'élever sa progéniture. C'est fort
commode ! Cette manière d'agir, ainsi que ses allures sauvages, mystérieuses, l'ont fait accuser
d'un grave méfait : celui de gober au préalable
les œufs ou les petits auxquels il donne pour rem-
plaçant son propre œuf. Il n'en est rien, et ce

conte est venu sans doute de ce que la femelle, pondant à l'écart, transporte dans sa gorge, suffisamment développée à cet effet, son propre œuf pour le déposer dans le nid qu'elle a choisi, ce qui a pu faire croire qu'elle mangeait des œufs; et elle pousse la prévoyance si loin que, comme elle ne s'adresse généralement qu'à de petites espèces, rouge-gorge, bergeronnette, etc., qui ne pourrait nourrir plusieurs de ses rejetons, elle n'en place qu'un seul par chaque nid, bien qu'elle en ponde cinq ou six. Mais ce rejeton, une fois éclos, rejette forcément au dehors par son volume les autres œufs ou les autres petits, et reste communément seul : voilà où est le mal.

Le coucou se nourrit particulièrement de chenilles poilues, et il a la faculté d'en dégorger les peaux, comme les rapaces. Il émigre fin août et commencement de septembre, fort sournoisement; il revient en avril. Il est aux premiers jours moins sauvage, erre dans les vignes, dans nos vergers : sa chair est à cet instant très délicate. A quoi cela tient-il? — Je l'ignore.

La Huppe (*Upupa*), comme le coucou, tire son nom de son cri caractéristique : « *Hup-hup-hup!!!... Hup-hup-hup!!!...* » cadencé et souvent répété; et non pas de l'aigrette de plumes qu'elle porte sur la tête et dont le nom dérive lui-même de celui de l'oiseau. Son beau plumage, fauve rosé, en fait un des plus remarquables volatils d'Europe. Il se nourrit à terre d'insectes mous et de mollusques. Il est de passage dans notre zone en septembre; mais il y niche aussi à son retour d'avril et il n'est point rare en été aux environs de Paris. On a fait également porter sur lui les méfaits de ses enfants, à savoir, qu'il construit son nid avec de la fiente pour le sauvegarder. Ce sont ses petits qui, enfermés dans le creux d'un arbre et ne pouvant rejeter au dehors leurs ordures, ont causé cette erreur ancienne. A l'automne, la Huppe est très grasse et ne fait point mal à la broche.

*
 * *

Avec la même ponctualité que le martinet, la Cigogne blanche à ailes noires (*Ciconia alba*) se met en route pour le sud le 14 ou le 15 août, par grandes troupes confuses, à plus ou moins de hauteur, selon l'état hygrométrique de l'atmosphère, et dans la matinée comme le soir. Elle va droit au sud, *craquetant* en chemin de son long bec; c'est son langage de voyage. Mais son passage est moins subit et se prolonge un certain temps. Ses cantonnements d'été s'étendent jusque par delà la mer Baltique, partout où elle est assu-

rée de trouver une ample pâture de serpents, de
lézards et de batraciens. Elle ne niche en France

La Huppe.

que dans l'ancienne province d'Alsace. Les cigognes migrent en Afrique, où un grand nombre

s'arrêtent en deçà de l'équateur ; mais d'autres poursuivent et passent dans l'hémisphère austral, comme on l'a vu par l'exemple de la flèche révélatrice, citée précédemment.

Ici se pose une question au sujet de ces der-

La Cigogne.

nières, comme à celui de tous les oiseaux soupçonnés ou convaincus de prendre le même itinéraire trans-équatorial. Elles retrouvent dans cette autre région le printemps et la saison des amours : y subissent-elles la loi commune du lieu et s'y livrent-elles à une nouvelle reproduction? — Notre vieux naturaliste du seizième siècle, Belon, qui avait parcouru l'Orient, incline à le penser, et Adanson affirme avoir vu des cigognes nicher en Égypte pendant l'hiver. C'est là un intéressant problème sur lequel nous ne tarderons pas à revenir.

La Cigogne noire (*Ciconia nigra*) est plus rare et plus sauvage ; car loin d'habiter les villes et les demeures de l'homme, elle se retire au loin ; mais elle a les mêmes habitudes de migration et revient également en mars et en avril.

La Grue (*Grus cinerea*), le plus grand et le plus beau type de ces échassiers d'Europe, est beaucoup plus tardive dans sa migration et nous donne rarement occasion de la voir dans notre latitude, attendu que sa station estivale est fort loin au nord et qu'elle migre la nuit, sans aucun doute par la peur de l'aigle, son ennemi acharné, et à grandes étapes, ne nous révélant son passage que par ses clameurs ou ses cris de ralliement. Elle adopte, elle aussi, l'ordre de vol triangulaire des grands palmipèdes.

Le nom seul de cet oiseau a le don de me rappeler un temps lointain, celui où à la rentrée du

La Grue.

collège, saison froide et brumeuse précisément à laquelle la grue émigre, je commençais ou recommençais l'explication de l'*Iliade* et somnolais, plus souvent que le bonhomme Homère (*quandoque bonus dormitat Homerus*, réminiscence classique), sur le texte grec. J'ai tant répété ou entendu répéter ce passage de début du troisième chant qui nous intriguait fort, qu'il s'est incrusté dans ma mémoire :

« A peine les deux armées, leurs chefs à leur
« tête, sont rangés en bataille ; les Troyens, tels que
« des nuées d'oiseaux, s'avancent avec des cris
« perçants : ainsi s'élève jusqu'au ciel la voix écla-
« tante du peuple ailé des grues, lorsque, fuyant
« les frimas et les torrents célestes, elles traver-
« sent à grands cris l'impétueuse mer et portant
« la destruction et la mort à la race des pygmées,
« livrent, en descendant des airs, un combat ter-
« rible ! »

Ce style homérique est véritablement superbe et fait honneur au traducteur M. Bitaubé ; mais charitablement et pour nous mettre sur la voie, le professeur aurait pu nous donner la simple explication de Buffon, à savoir que les singes qui vivent en grandes troupes en Afrique et dans l'Inde et qui sont très friands d'œufs d'oiseaux, peut-être bien des oiseaux eux-mêmes, font aux

grues une guerre acharnée. On sait avec quelle satisfaction un singe en captivité tord le cou à un
perroquet qui lui tombe sous la griffe et le plume
dextrement. Les grues, à leur arrivée, trouvent
probablement ces ennemis rassemblés en grand
nombre pour attaquer cette proie qui leur vient
du ciel. De là des combats terribles où les quadrupèdes n'ont pas toujours le dessus, mais qui, vus
de loin et avec l'imagination native des Orientaux
ont pu paraître livrés par les grues à une race humaine de petite taille. Le grand Alexandre lui-
même, avant ou après son entrée à Babylone, je
ne sais, faillit se laisser prendre à une semblable
illusion et allait envoyer sa phalange d'élite contre
une armée de singes *Pongos*, lorsque son allié, le
roi Taxile, lui fit remarquer que cette multitude
qu'on voyait sur les hauteurs n'était autre qu'une
troupe d'animaux inoffensifs attirés par la curiosité ; « mais, à la vérité...., ajoute Buffon ou un
de ses continuateurs, moins insensés, moins san-
guinaires que les déprédateurs de l'Inde » !

Les grues partant tard, en octobre et novembre,
remontent de bonne heure en mars.

Je ne cite que pour mémoire un autre bel échas-
sier, le Héron indigène ou *Héron cendré*, qui niche
en Europe par grandes colonies ou *Héronnières*,

Combat de Pongos et de Grues.

installées dans les bois, sur les arbres, à proximité des rivières, des étangs ou des marais. Hors
le temps de la reproduction, il est à peu près er-
ratique, cherchant dans tous les lieux, dans tous
les recoins, sa pâture journalière de poissons, par
couple ou par individu isolé; mais doué d'une
grande puissance de vol, il n'hésite pas devant les
grands parcours et on le retrouve jusque dans
l'hémisphère austral. Cette espèce ainsi que celles
de ses congénères les *Hérons pourprés, à aigrette*,
semblent être en grande diminution suivant en
ceci la progression des assainissements et des
endiguements qui restreignent ses domaines. En
France on ne compte plus guère aujourd'hui qu'une
seule héronnière, dans l'ancienne province de la
Champagne, et encore grâce aux soins dont l'entoure le propriétaire du domaine. Autrefois c'était
le gibier par excellence de la *chasse au faucon*,
ainsi que le montrent nombre de tableaux du
temps, et bien qu'il soit détestable, gastronomiquement parlant, il n'en était pas moins décoré du
nom pompeux de *viande royale*. — Un observateur a émis récemment une curieuse remarque.
Pour pêcher, le Héron se place en amont des courants et secoue à plusieurs reprises les plumes de
son jabot imprégnées d'une poussière blanche ou
de pellicules provenant de la sécrétion des huiles

Le Héron.

de sa chair. Cette poussière, paraît-il, a une senteur qui attire le poisson jusqu'aux pieds du guet-
teur qui n'a qu'à le happer. Ceci vient à l'appui
de l'ancienne recette des pêcheurs d'enduire les
amorces avec la graisse du héron, et n'a rien en
soi d'étrange si on songe à tous les moyens que la
nature met à la disposition des êtres pour leur fa-
ciliter la sustention : la fascination des serpents,
la rouerie de la pie-grièche, ainsi qu'il sera dit,
l'astuce du renard, etc., etc.

Les Butors petits et grands (*Ardea stellaris*), dé-

Le Butor.

générescence des précédents, sont un peu plus fran-
chement migrateurs, c'est-à-dire arrivent et repar-

tent à des époques mieux déterminées, encore
s'arrêtent-ils à la limite des froids susceptibles de
congeler le bord des étangs.

*
* *

Et j'arrive, en suivant l'ordre de date de la migration, à la CAILLE (*Perdix coturnix*), oiseau
doublement intéressant par toutes les questions
qu'il fait naître et comme gibier fin et délicat.
Nous nous y arrêterons donc le temps nécessaire.

La caille commence à quitter nos champs où
elle a fait ses nichées, lorsqu'ils se dépouillent de
leurs récoltes vers le 15 août ; mais comme ces
mêmes récoltes s'échelonnent jusqu'aux dernières
stations des cailles au nord, que les nichées plus
lentes et plus tardives s'y prolongent, la migration
se continue très tard, jusqu'au milieu d'octobre,
et même il n'est point rare de rencontrer encore
de ces oiseaux, empêchés ou trop jeunes, après le
premier novembre. Ils nous reviennent à partir du
commencement de mai, lorsque les herbes des
prairies sont assez hautes pour leur donner un
abri, tous les observateurs s'accordent à dire, en
deux passages : le premier composé des mâles que
par les belles nuits des environs du 10 mai, on
entend passer même en plein Paris, à leur cri répété : « *Carcaïa !!! carcaïa !!!...*, », cri de rallie-

Famille de cailles.

ment et d'indication des vols épars, dont les dégradations donnent la direction des oiseaux droit au nord, en même temps que l'intensité de leur vol égal, soutenu et à longue portée ; le second, composé des femelles et qu'on ne peut guère constater que par l'observation sur le terrain, a lieu vers le 1ᵉʳ juin.

Elles ont pour la migration nocturne deux raisons : profiter de la température plus fraîche qui favorise leur vol ; éviter la voracité des rapaces diurnes. Quant à celle des rapaces nocturnes elles y échappent par une élévation de vol qu'on ne peut estimer à moins de deux cent mètres.

Ainsi voilà un oiseau, au corps lourd, surtout en automne, lorsqu'il est surchargé d'embonpoint, aux ailes courtes et arrondies, qui, lorsque nous le faisons lever en plein jour, ne nous paraît doué que d'un vol abaissé [et à courte portée, et qui la nuit fait preuve d'une puissance de locomotion que nous n'aurions pu soupçonner. C'est qu'alors — indépendamment de l'influence de la fraîcheur tellement manifeste pour les chasseurs qu'ils ont coutume de dire, chaque fois que le temps est frais et vif, *que les cailles volent comme des hirondelles*, — elles n'ont plus, timides et sans défense, la crainte de leurs nombreux ennemis ; crainte qui les porte de jour à surbaisser leur vol et à

chercher au plus vite un abri sous tous les couverts à leur proximité. Nous pouvons en tirer cette
conséquence immédiate que si la sécheresse a sévi
dans une contrée ou que toute autre cause ait dénudé les champs, on peut y pronostiquer par
avance que le passage et le stationnement des
cailles y seront peu abondants ; elles vont plus
loin, là où elles trouveront de meilleures conditions de sécurité et de réfection.

Elles nichent partout en Europe, avec une fécondité considérable et à plusieurs reprises, depuis
le littoral de la Méditerranée jusqu'au cercle polaire, au dire de la généralité des naturalistes.
Néanmoins, M. della Faille assure qu'au nord de
la Hollande elles deviennent déjà rares et que, dans
la contrée d'Anvers, le passage est presque nul ;
mais elles pullulent dans ce dernier lieu à un tel
point que, dans son seul terrain de chasse, les
gardes ont constaté, en une saison, douze cents
œufs détruits par la fauchaison des prairies artificielles ; et si on jette les yeux sur un globe terrestre, on constate encore que l'inclinaison des terres
est telle dans la direction de l'Est, que la généralité des cailles du Nord doit forcément passer au
large d'Anvers dans leur migration au Sud, car
leur aire géographique, selon toute probabilité,
n'a d'autre limite que celle des graminées et des

insectes correspondants qui leur servent de nourriture ; c'est-à-dire le cercle polaire, ainsi qu'il a
été dit.

A l'automne, les plus libres et les plus dispos
de ces oiseaux prennent les devants ; les autres
suivent selon l'âge et la force des jeunes. Un dernier passage a lieu vers la mi-octobre, composé en
majeure partie des mères qui ont été retenues par
les soins à donner à leurs derniers rejetons et par
la nécessité de se ravitailler elles-mêmes. Toutes
ont eu alors le temps de se mettre en bel état ;
aussi cette passée est-elle dite des *Cailles grasses*.
Suivant leurs conditions d'activité ou à leur convenance, elles commencent à s'arrêter dans les
pays à température humide et tiède, le sud de
l'Angleterre, la Bretagne, où quelques-unes hivernent, et le nombre de ces stationnaires précoces
va en augmentant jusqu'à l'extrême littoral. La
masse passe en Afrique, et M. Pellicot, de Toulon,
est d'avis qu'elles ménagent leurs forces en cal-
culant leurs étapes de façon que la dernière abou-
tit juste au rivage. Il en donne pour preuve que,
par les jours de bon passage, tandis qu'on les
trouve en abondance sur la côte, on n'en rencontre que fort peu dans l'intérieur des terres, à
courte distance.

Ici se présente la grande question de la traversée de la Méditerranée qui étonne l'esprit, il est vrai, mais qu'il faut bien admettre, même pour des espèces plus chétives et plus faibles. La plus grande distance qui sépare le continent africain des côtes de l'Europe, soit de Marseille à Alger, est d'environ 650 kilomètres. La caille n'a pas sans doute l'aile dégagée de beaucoup d'autres oiseaux, du ramier, par exemple, mais les mouvements en sont beaucoup plus rapides, à ce point qu'ils échappent à l'œil dans son vol de jour. En se basant sur l'opinion d'un vol de 80 lieues à l'heure pour le martinet, de 60 pour l'hirondelle, et de 20 à 30 pour le pigeon voyageur, on peut sans exagération admettre un vol de 16 lieues pour la caille. La traversée directe lui demanderait donc dix heures, c'est-à-dire l'espace d'une nuit ; et M. Pellicot estime que beaucoup exécutent ce trajet directement et d'une traite. Mais il ne faut pas oublier que les points intermédiaires ne leur manquent pas ; c'est, à partir de l'ouest, le détroit de Gibraltar, large seulement de quinze kilomètres ; la ligne des îles Baléares qui coupe l'espace en diagonale et par le milieu ; la Corse et la Sardaigne qui se suivent, et, par leur droite direction, semblent une route toute tracée de l'un à l'autre continent ; la Sicile, dont la pointe occidentale est à peine éloignée de 150 kilomètres de la côte de Tunis ; Malte, les îles de l'archipel, sans parler d'une multitude d'îles et d'îlots à leur disposition et dont elles profitent, à en juger par les captures formidables qu'on y fait aux époques des passages. Le merveilleux disparaît donc de ce grand parcours; néanmoins, l'effort donné par l'oiseau n'est pas léger et ce n'est pas sans motif que la nature l'a pourvu, au départ, d'un supplément de graisse, véritable aliment de son foyer de locomotion forcée; car, à son arrivée à la côte d'Afrique, on constate qu'il n'a plus le même embonpoint; et même d'une chaleur de sang toute spéciale, à ce point que les Chinois en font des *chauffe-mains* en en plaçant un dans leur manchon. D'autre part, de nombreuses vicissitudes peuvent l'atteindre dans le trajet, soit qu'il ait trop présumé de ses forces, soit qu'il ait été surpris par une saute de vent défavorable ou par des bourrasques, car un bon nombre, bon gré mal gré, tombe à la mer. Ce fait est certifié par un exemple curieux que rapporte M. Pellicot, qui a fait une étude spéciale des mœurs et de la migration de la caille sur le littoral. Un matin de mai, à La Ciotat, il vit rentrer des bateaux de pêche qui avaient à bord une dizaine de petits requins : ceux-ci furent ouverts devant lui; « *il n'y en avait aucun qui n'eût de huit à douze cailles dans le corps!* » — Ces tribulations qui menacent les oiseaux migrateurs, même sur terre, ne sont point rares. On m'a parlé, il y a déjà longtemps, de bandes entières précipitées dans le Rhône par les gros temps et qu'on pêchait le lendemain à la surface. A Genève, on m'a conté qu'un immense vol de grives avait été jeté dans les rues mêmes, probablement par une de ces rafales verticales, communes dans les pays de montagnes ; on en ramassait dans tous les coins et recoins, et les Génevois en firent bombance.

Naturellement on a fait beaucoup de fables sur ce passage transméditerranéen des cailles, sans qu'aucune soit fondée sur une observation positive. Une surtout a encore cours : c'est qu'elles auraient la faculté de se reposer sur la mer en prenant la précaution de tenir une aile élevée, soit en guise de voile, soit pour reprendre plus facilement leur vol. Ce qui y a donné lieu, sans doute, c'est qu'on a pu voir des cailles tombées à la mer, se débattant et cherchant à se relever ! mais il leur faut, comme à bien d'autres oiseaux, l'élan de leurs pattes pour prendre leur vol, et ici le point d'appui leur fait défaut. Notre observateur du Midi ajoute judicieusement que si elles avaient cette faculté, elles commenceraient par s'en servir pour se garer de ce terrible amateur de leur chair, paraît-il, le requin.

Le fait certain, c'est qu'elles arrivent en Afrique. Un bon nombre hiverne en deçà du Sahara, car on les rencontre et on les chasse tout l'hiver en Algérie. Beaucoup d'autres franchissent le désert : ce fait est certifié par l'observation bien précise qu'elles sont en plein passage de retour, sur le littoral algérien, au mois de mars. Belon et le naturaliste anglais Cotesby n'hésitent pas à faire passer ces dernières, en tout ou partie, au delà de l'équateur, dans l'autre hémisphère. La même question d'une reproduction nouvelle qui s'est posée d'elle-même pour les cigognes, se rencontre donc encore ici, et il faut s'y arrêter. ·

La transmigration équatoriale est basée sur ce retour au printemps dans la région du littoral nord de l'Afrique, d'une part ; de l'autre, sur la présence de l'espèce identique dans l'hémisphère austral. Étant donné le tempérament ardent, passionné des cailles, ainsi que leur grande fécondité, l'hypothèse d'une seconde reproduction, dans des conditions favorables, devient assez naturelle. Buffon, fort circonspect sur ces deux points, constate néanmoins qu'elles ont deux mues annuelles qui précèdent leurs départs : grave indice qu'elles partagent du reste avec d'autres espèces. Pour ma part, je serais porté à voir dans le fait de nouvelles amours, l'explication de la rage de migration, c'est le mot! qui saisit ces oiseaux, même en captivité, aux époques déterminées. Tous les autres sont, il est vrai, inquiets, agités, aux mêmes instants; mais ceux-ci poussent la passion jusqu'à braver des chocs et des blessures répétées qui les assommeraient, comme chacun sait, dans leurs pointes ascentionnelles nocturnes, si on n'avait la précaution de garnir de toile ou de filet le plafond de leur prison; et cela, quelles que soient la température et la provende dont on les entoure. Cette passion semblerait indiquer un mobile plus puissant, plus impérieux encore que le vivre. On objecte qu'il ne nous en revient pas de jeunes au printemps. Mais il est probable qu'il serait également difficile de constater une grande différence de taille et d'âge parmi celles qui arrivent, à l'automne, en Afrique; par la première raison qu'il est à présumer que ce sont les individus complètement adultes qui se livrent à ces grandes migrations; et par cette seconde, que tous ont alors accompli au moins une mue, ainsi qu'il vient d'être dit, et qu'il est peu aisé, à première vue, d'établir une distinction. Cependant, un de mes amis qui a longtemps habité l'Algérie, me dit avoir vu les Arabes prendre des quantités de *jeunes cailles*, au retour de mars, en les acculant à l'extrémité des fossés et en les couvrant simplement

de leur burnous. De son côté, M. della Faille, qui
a habité, chassé et observé en Itatie, m'écrit « *qu'il
est en mesure d'affirmer* de visu, *qu'à l'arrivée
des cailles sur le littoral de ce pays, il y en a
d'âge différent, comme l'atteste leur plumage.* »
Mais, d'autre part, le célèbre explorateur Living-
stone dit, dans son *Voyage dans l'Afrique australe*
de 1859, à propos des martinets qu'il a rencon-
trés : « Il n'y a probablement qu'un petit nombre
de ces martinets qui fassent leur nid dans la contrée. Je les ai souvent observés et je n'ai jamais
surpris parmi eux aucune apparence d'amour,
aucune poursuite de l'un à l'autre, aucune joyeuse
partie, pas le moindre signe d'une recherche quel-
conque. D'autres oiseaux de différentes espèces,
qui vivent également rassemblés par troupes nombreuses, vont et viennent dans ce pays-ci, comme
des bohémiens errants, même à l'époque de la
saison des amours, c'est-à-dire entre l'hiver et l'été,
le froid ayant dans cette région la même influence
que le printemps dans nos climats du Nord. Ces
bandes vagabondes sont-elles formées des oiseaux
voyageurs qui retournent en Europe pour y aimer
et y élever leurs petits ? » — Mystère encore ! mais
du moins voilà un premier renseignement précis,
et du moment où les oiseaux qui passent l'équateur volent en bande, on peut affirmer qu'ils sont

en voyage de migration et qu'ils ne songent nullement à la reproduction ; car tous s'isolent pour
cette importante fonction, ou tout au moins vivent à part. En est-il ainsi pour tous? Il est encore permis d'en douter après les autres témoignages qui ont été cités ! — Tels sont, du moins,
les renseignements que j'ai pu rassembler jusqu'ici
sur ce point de la transmigration équatoriale, d'un
certain intérêt en histoire naturelle, et qui ne
pourra être tranché que par de plus nombreuses
observations à venir faites sur les lieux mêmes et
bien déterminées.

Je m'étends longuement, et encore, pour être
plus bref, avec beaucoup de sécheresse, sur le chapitre de la caille : c'est que c'est un sujet bien intéressant et qui nous permet d'étudier divers problèmes sur lesquels nous n'aurons plus à revenir ;
à ce point même que plusieurs considérations sont
encore nécessaires.

En examinant la conformation du littoral nord
du continent africain, il est naturel de penser, con-
formément à la théorie émise précédemment au
sujet des bécasses, que les cailles se divisent pa-
reillement, à leur retour, en quatre groupes, ou
mieux, en quatre veines centrales, dont l'une part
de la pointe du Maroc pour se répandre en Espagne
et dans l'Europe occidentale ; la suivante, de la

pointe de la Tunisie pour aborder en Italie et se disséminer dans l'Europe centrale ; la troisième, du promontoire Benghazi, dans la régence de Tripoli, pour se répandre, par l'île de Crète, dans l'Archipel et le centre de la Russie ; la quatrième, du delta du Nil, par le littoral de l'Asie et l'île de Chypre, gagne la Russie orientale et les parages des monts Ourals. Ces groupes et leurs vols successifs infléchissent leur marche à l'Ouest ou à l'Est, selon la direction du vent régnant ; d'après Buffon, cette remarque a été faite depuis longtemps et d'une manière précise aux passages de l'île de Malte. D'une part, elle explique la variété des arrivages en telle ou telle contrée ; de l'autre, elle est une nouvelle indication du mode de dispersion des oiseaux sur la surface du globe, indépendamment de leur sagacité à juger des contrées où ils trouveront les conditions d'existence les plus favorables. Nous aurons à revenir sur ce fait dans une appréciation plus générale.

Cette théorie des groupes ou des veines, est particulièrement justifiée ici par le nombre considérable des cailles qui abordent dans les îles et sur le littoral de l'Italie. On connaît, de longue date, les captures immenses qui s'y font chaque année. Au siècle dernier, on en prenait jusqu'à 100 000 en un jour à Nettuno, dans le royaume de Naples, sur une étendue de côte d'une lieue ou deux. L'évêque de Capri se faisait vingt-cinq mille livres de rente avec la location de la chasse dans son île, d'où lui venait le surnom d'*Évêque des cailles* : et il faut dire, pour se rendre compte de l'importance des captures, que ces oiseaux se vendaient alors, à Rome, environ huit francs de notre monnaie le cent. Cette industrie des côtes italiennes n'a fait qu'augmenter avec les facilités de transport et la valeur croissante de ce gibier. Aujourd'hui on exporte dans toutes les directions et jusqu'à l'extrême Nord des cailles vivantes en cage, par pleins wagons. Si bien que M. della Faille terminait un des bulletins qu'il a l'obligeance de m'envoyer, par cette plaisanterie : « On signale quelques rares cailles ; mais un certain nombre nous sont déjà arrivées... *par le chemin de fer.* » — On se demande, après ces massacres réguliers du littoral, si les restrictions apportées dans l'intérieur des terres ont un grand sens et une grande efficacité ; mais cette question reviendra, plus complète et plus générale, à la suite de cette étude, dans le chapitre des conclusions.

La caille est assurément un des oiseaux qui s'accommodent le mieux des progrès de notre agriculture : nos défrichements, nos terrains couverts de hautes récoltes régulières, le développement de nos cultures de céréales, lui offrent d'excellents abris où elle se complaît à merveille. Mais il y a à toutes choses un revers de médaille : les prairies artificielles, source de richesse pour les agriculteurs, sont pour elle, comme pour beaucoup d'autre gibier vivant sur le sol, une demeure traîtresse qui la séduit par ses fourrés, sa fraîcheur et les nombreux insectes qu'elle y trouve à picorer ; puis, comme le prouve l'exemple cité plus haut, vient la tonte précoce et les tontes successives qui détruisent le travail de la reproduction. Grâce à la prodigieuse fécondité de la caille, qui couve d'une fois quinze ou vingt œufs et recommence jusqu'à trois reprises ; les mâles y mettent bon ordre en expulsant les petits dès qu'ils sont en état de se sustenter ; l'inconvénient est atténué, et on peut dire que la compensation s'établit.

On s'est demandé, enfin, si cet oiseau suivait aussi les récoltes ; c'est-à-dire les céréales en maturité, sa subsistance plus spéciale de l'automne, en même temps que les menus grains et les insectes de la saison. Dans les pays de montagnes, à moissons échelonnées selon l'altitude, de la plaine aux derniers sommets, on admet généralement le fait, non par l'observation directe ; car les cailles sont complètement muettes alors dans leurs voyages nocturnes et rien ne révèle leurs agissements; mais par l'accumulation qui se produit sur les hauts plateaux et dont il a déjà été parlé, soit par la venue des cailles de la plaine, soit par le stationnement des émigrantes du Nord. Quoiqu'il puisse être de ces stations ou de ces remontées au nord sur lesquelles il est difficile d'être fixé, l'avant-garde des plus pressées poursuit son vol à l'époque déterminée et arrive, notamment en Italie, dès le commencement de la seconde quinzaine d'août pour poursuivre ensuite sa route, ainsi qu'il a été dit.

De tous les *Gallinacés* indigènes, la caille est à peu près le seul migrateur, ou tout au moins le seul émigrant régulier; car il n'y en a qu'un autre qui suive son exemple et encore bien à l'aventure, sans périodicité, sans époques fixes : c'est la petite perdrix grise, la perdrix à pattes jaunes, autrement dit LA ROQUETTE. Quelques chasseurs, fort compétents, nient son existence; bien certainement parce qu'ils n'ont jamais eu l'occasion de la rencontrer; mais je puis leur assurer en avoir *revu par pieds et par corps*, style cynégétique, vivantes et mortes. Dans le Jura, leurs passages, sans être fréquents, ne sont pas rares. C'est

le plus communément en septembre qu'on les
trouve, fort au hasard, par bandes de cinquante,
de cent, de deux cents : elles ont le pied léger,
l'aile rapide, et font de longues remises. J'en ai
même vu fort à l'arrière-saison, aux premières
giboulées neigeuses. Il est peu habituel qu'on les
trouve deux jours de suite dans le même territoire et il est difficile de préciser leur direction :
cependant il me semble qu'elles infléchissent à
l'ouest. Le passage du printemps est bien douteux. Maintenant d'où nous viennent-elles, où
vont-elles? — Il ne m'a jamais été possible de
trouver un seul renseignement à cet égard. J'esti-
merais que c'est un excès de population des steppes
du Nord qui émigre on ne sait encore vers quelle
contrée.

*
* *

Le terme générique de *Gallinacé*, emprunté au
nom latin du coq (*Gallus*), n'a pas grande signification. Dans une classification rationnelle, le
nom de *coureur terrestre* ou *Dromipède*, selon la
désignation proposée par Toussenel, par opposi-
tion à celui de *coureur aquatique*, aurait plus de
sens et tendrait à rapprocher ce groupe du suivant, les *échassiers terrestres*, dont les deux types

européens, *la petite et la grande outarde*, ont singulièrement d'affinité par leurs mœurs et leurs coutumes : aussi ne les séparerons-nous point.

La PETITE OUTARDE ou *Canepétière* (*Otis tetrao*), appelée *Poule de Carthage* en Afrique, a encore l'aile puissante des gallinacés, à l'inverse des coureurs de haut titre ; tels que l'*Autruche* d'Afrique, le *Casoar* de l'Inde, etc., chez lesquels cet appareil du vol n'est plus qu'un appendice de propulsion, ainsi que chez les ultra-nageurs, Pingouins et autres Manchots. Fort craintives et pusillanimes, les Outardes aiment les grandes plaines, peu peuplées, où elles pourront vivre en paix. Autrefois, en France, la Champagne pouilleuse était leur terre de prédilection. Depuis cinquante ans, elles en avaient presque disparu, aujourd'hui elles tendent à y revenir. Un observateur local, M. Leroy, bien connu en aviculture, fait coïncider ce retour avec la diminution corrélative des perdrix, qui probablement leur faisaient concurrence pour le logement et la nourriture. Un souvenir de jeunesse me prédispose fort à adopter cette opinion. A un de mes premiers voyages à Paris, vers 1840, je traversais la Champagne en diligence : du haut de l'*impériale*, je vis de loin, dans un vaste guéret d'une propriété particulière, emplanté de bocque-

taux d'arbres verts, une quantité prodigieuse de
points noirs, immobiles, par groupes de quinze
à vingt, disséminés à vingt-cinq pas les uns des
autres, environ. Fort intrigué je regardais, je re-

Outardes canepétières.

gardais, me doutant quelque peu de la vérité,
mais ne pouvant en croire mes yeux. Arrivé juste
en face, une première compagnie de perdreaux
était au repos, à dix pas de la route, et ne se dé-
rangea même pas au bruit du véhicule, tant sa sécurité habituelle était grande : et toutes ces agglomérations de points noirs étaient autant de
compagnies. Il y en avait peut-être deux cents,

ainsi réunies sur un même point et sur un espace tout au plus d'un quart de kilomètre carré, et c'étaient de véritables perdrix sédentaires. Évidemment, il n'y avait plus de place pour des espèces analogues au milieu d'une semblable population [1].

Il est bon de dire, en passant, que ces dépeuplements et ces repeuplements, par des causes qui nous échappent tout d'abord, et dont il est grandement de mode aujourd'hui, pour les premiers, d'accuser l'imprévoyance humaine, ne sont point rares dans le monde des oiseaux. J'ai trouvé, dans une chronique de ma province, l'époque du siècle dernier où une colonie de coqs de bruyère vint s'implanter sur une montagne des hautes altitudes des environs de Pontarlier où, de mémoire d'homme, on n'en avait jamais vu jusque-là. Il y a vingt ans, les gelinottes étaient plus que rares dans le département de la Haute-Saône ; aujourd'hui il n'en est plus de même. — Eh ! mon Dieu, il en est bien un peu ainsi dans le monde végétal, base, après tout, du règne animal ! Par exemple, dans le haut Jura, on constate fréquemment que le hêtre succède au sapin dans les bois, à la grande inquiétude des populations qui ont ur-

1. Ce fait paraîtra étrange, mais je l'ai vu, *de mes yeux vu*, ainsi que je le raconte, et j'en suis encore ébahi !

La grande Outarde.

gemment besoin de ce dernier pour la construc-
tion de leurs immenses châlets; et naturellement
à une autre végétation doit correspondre une autre population aviale.

De ce retour imprévu des canepétières dans nos
grandes plaines, il résulte que nous sommes mieux
fixés maintenant sur leurs faits et gestes de migration.

Elles nous arrivent en avril par bandes nombreuses, puis se divisent par couples pour la reproduction. Dès la fin d'août, elles se réunissent
de nouveau et partent en octobre. On a été très
incertain longtemps de leur point de station hivernale et on a prétendu qu'elles s'arrêtaient dans
les plaines du Midi. Qu'il en soit ainsi pour
quelques-unes, c'est possible; mais leur présence
en Afrique, *où elles ne nichent point*, est une indication; d'autre part, mon correspondant du Gers
m'écrit qu'elles ne font qu'une très courte apparition dans les plaines de la Garonne et qu'elles
poursuivent leur vol par delà les Pyrénées. Nul
doute donc, que les canepétières d'Europe ne se
rendent en Afrique.

La Grande Outarde (*Otis tarda*), le plus grand,
le plus beau de nos gibiers ailés de plaine, l'analogue en quelque sorte du coq d'Inde d'Amérique

est malheureusement de plus en plus rare chez nous, et on se demande s'il en niche encore en Champagne, comme autrefois. Néanmoins, il nous en vient chaque hiver, soit du Nord, soit de l'Est, ainsi que d'aucuns disent. Il y a peu d'années qu'on annonçait de Picardie qu'un heureux chasseur en avait tué une pesant dix-huit kilogrammes : beau gibier, en vérité ! — Et, naturellement, à un si bel animal, il faut une vie plantureuse et un domaine suffisant où il règne en souverain. C'est sans doute la raison pour laquelle il a quitté nos plaines, dorénavant livrées à une culture active et intensive. Comme la précédente espèce, celle-ci vit d'herbes, de gros insectes, de sauterelles ; mais je doute que toutes deux ne soient point quelque peu granivores à la saison, et qu'elles ne suivent pas l'une et l'autre les mêmes errements à la migration.

La caille a pour compagnon de voyage le Rale de genêt (*Gallinula crex*), plus communément appelé par les chasseurs le *Roi de caille*, qui a le même habitat qu'elle dans nos champs, et dont la migration coïncide tellement avec la sienne qu'on prétend qu'ils traversent la Méditerranée de concert. Ce qu'il y a de bien positif, c'est qu'il émigre, lui aussi, en Afrique ; et pour qui connaît cet

oiseau, bon coureur, il est vrai, mais dont cette
faculté semble être le véritable moyen de locomotion, tant il se décide à contre-cœur à se lever et
tant son vol est alourdi par la forme allongée de
son corps qui l'oblige à prendre une position ver-
ticale, le problème de la traversée est plus surprenant que pour la caille. Il faut ou que la fraîcheur de la nuit lui apporte une vigueur toute
spéciale, ou que, comme ses voisins des marécages, les râles d'eau, il ait la faculté de se mettre
à la nage et de naviguer à petites étapes. Les observations et les indications manquent totalement
à son sujet. Généralement, il niche plus au nord ;
il est beaucoup moins prolifique et par conséquent
moins abondant. Son départ est aussi un peu plus
tardif ; il a lieu au commencement de septembre
pour se prolonger jusqu'en octobre.

* *

Aux derniers jours d'août ou dès le 1er septembre, en se promenant dans la campagne, au matin, on entend retentir un petit cri strident : « *B'sie,
b'sie !!!...* » ; souvent si haut, si haut, qu'on ne
voit pas même l'oiseau qui le siffle : c'est le BEC-
FIGUE !
Sur ce gai sujet des charmants habitants de

l'air, il m'est avis qu'il est bon de mêler parfois le *plaisant au sévère*, selon le précepte de Boileau, et ici l'occasion se présente d'elle-même. La classification a jugé à propos de grouper une part des oiseaux que j'appellerais volontiers les petits *bec-*

Becfigues.

fins de la plaine, dont celui-ci est un type, sous le nom de genre Anthus. Curieux de m'instruire, je cherche dans le dictionnaire latin-français de MM. Noël et Chapsal, le dictionnaire de ma jeunesse, la signification de ce mot, et je trouve la désopilante définition que voici : Anthus (du grec *anthos*, fleur). Bréant, *oiseau qui se nourrit des fleurs et qui contrefait le* HENNISSEMENT DU CHEVAL. »

— Ah ! pour cette fois me voilà bien renseigné.

— Les naturalistes y ajoutent, pour spécifier le becfigue, les surnoms de *Pit-pit des buissons* ou de *Traîne-Buissons*. Or il ne hante pas les buissons, se posant de prime-vol à la cime des arbres, où à l'intérieur, dans le milieu du jour, pour se remiser, et il pâture à terre, où il court avec la prestesse de l'alouette. Cet autre nom de *Pit-pit* ne peut être qu'imitatif du cri, et nous en verrons dans un instant l'origine probable ; mais le becfigue, en dehors de son ramage du printemps, n'a que deux cris d'appel très nettement caractérisés : « *B'sie... b'sie!!!...*, » en volant, et un petit « *you... you!!!...* », lorsqu'il est posé.

Je connais cet oiseau, et pour cause, depuis mon enfance ; voici son portrait de mémoire et à grands traits : Taille de la bergeronnette, forme fine et élégante qui rappelle, en miniature, celle de la Grive avec laquelle il a d'autres ressemblances, manteau olivâtre strié de noir, plastron blanc grivelé de taches noires et citron à la gorge chez le mâle, queue un peu fourchue, pattes roses, ongle du doigt postérieur long, à l'imitation de l'alouette. Il est insectivore au premier chef, aimant spécialement les sauterelles à l'automne ; mais on doute

qu'il picore les figues et par ainsi que son nom
vulgaire lui soit bien appliqué. Je n'ai pas assez
habité le Midi pour constater si cette dernière
assertion est vraie : ce que je sais, c'est qu'il a une
prédilection marquée pour les vignes et qu'il s'y
remise de préférence à tout autre lieu ; plus encore, qu'il s'y engraisse au point de tripler de
volume ; double rapprochement qui lui a valu
dans le Jura le surnom de *demi-grive*, et en Bour-
gogne celui de *vinette*. D'où je suis disposé à croire
qu'il n'est pas indifférent au *jus de la treille*, per-
forant les grains du raisin de son bec effilé,
comme le rouge-gorge, par exemple, ce qui l'a-
mène à cet embonpoint qui en fait un fin petit
gibier, à distancer la graisse factice de tous les
ortolans du monde. De là à picorer les figues, il
n'y aurait pas loin.

Les becfigues sont complètement indigènes dans
notre zone ; ils y nichent partout dans les lieux
frais et élevés, à la lisière des bois et dans les
prés boisés ; mais dans le Nord, ils doivent être
des plus abondants, car leur passage d'automne
est considérable. Ce passage commence, dès la fin
de juillet, par une première avant-garde plus ou
moins nombreuse, et composée probablement
des habitants des hautes altitudes ; car, stationnant tout récemment en un point semblable, je

On choisit, en bon point de passage.....

n'en revis plus dès cette époque et dès que les jeunes eurent acquis leur développement ; mais le
passage ne prend réellement son cours qu'au
1er septembre, va en augmentant jusqu'au 20,
pour cesser à peu près le 25. Ces oiseaux passen
par grands vols très épars, depuis le lever du
soleil jusqu'à ce que la chaleur soit forte, et un
peu le soir.

Autre ressemblance avec l'alouette : ils viennent très bien au *miroir* et, comme c'est un fin
petit-pied, on en profite pour lui faire une chasse
amusante. Dans mon enfance, c'était aux gluaux
tendus sur des arbustes factices, plantés en plein
champ, et au centre desquels nous placions le
miroir : un petit sifflet spécial nous servait d'appeau ; mais le talent est de savoir bien en jouer.
Aujourd'hui on remplace les gluaux par le fusil
chargé à quart de poudre ; on choisit, en bon
point de passage, un arbre isolé que l'on sur-
monte de quelques branches sèches, excellents
perchoirs bien à découvert, et l'on dispose une
cahute de feuillage à une douzaine de pas ; le reste
va comme précédemment. C'est tout à fait la
chasse au poste de Provence, et les habiles y
tuent vingt-cinq, quarante, jusqu'à quatre-vingts
becfigues en une matinée, dans les bons jours.
Avis aux amateurs : la plaine de Paris est un ex-

cellent lieu de passage de cet oiseau, comme de beaucoup d'autres, et dans les environs, particulièrement dans la vallée de Ville-d'Avray, ils pourraient se donner cette récréation.

Après le 25 septembre, il ne passe plus que becfigues isolés ou par couples. Ce sont ceux-là qui s'attardent plus volontiers dans les vignes, alors qu'elles sont en maturité dans l'Est, et qui y acquièrent l'obésité dont il a été parlé ; malheureusement, ils sont rares et on n'en tue ou on n'en prend plus que par occasion. D'où je suis tenté de croire que c'est là une variété de l'espèce, de régime et d'habitude différents ; mais sans aucune preuve à l'appui de mon dire, je l'avoue.

Ajoutons qu'ils émigrent en Afrique, selon toute probabilité, et qu'ils nous reviennent en avril.

J'ai bien envie, pour faire niche à messieurs les naturalistes, de conserver à l'espèce qui suit le nom de FIFI, exacte reproduction de son cri de passage, et qu'on lui donne communément dans les départements de l'Est, où elle est très abondante à l'automne. Les savants ont cru devoir la baptiser de celui de PITPIT-FARLOUSE : ce nom de *Pitpit* n'est pas davantage l'expression du cri qui vient d'être dit, et il a le tort de prêter à la confusion avec d'autres espèces. Quant au mot de

Farlouse, pour cette fois, il n'est pas grec, il est anglais ; et comme il n'a ni signification directe ni racines dans cette langue, il doit être purement imitatif. Connaissant parfaitement l'oiseau, je ne vois nullement à quoi cela peut se rapporter, et je suis obligé de supposer qu'il y a encore ici confusion avec un autre oiseau, l'*Alouette lulu*, comme il sera rapporté plus loin. — Je prie le lecteur d'excuser ces diatribes contre la classification scientifique ; mais c'est une revanche, car j'ai eu trop de peine, moi naturaliste des champs, à me reconnaître dans ce grimoire par trop fantaisiste ; et, il est bien temps, aujourd'hui que les matériaux sont sinon complets, du moins suffisamment nombreux, de procéder à une simplification et à une précision qui rendraient l'histoire naturelle des oiseaux plus intelligible pour les esprits et partant plus attrayante : voilà le but de cette critique !

Cela dit, la désignation de l'espèce dont il s'agit est facile : Oiseau d'une grande similitude de forme et de plumage avec le précédent, mais plus petit. Il niche plus au nord que notre région, passe en grand nombre à l'arrière-saison, à la venue des gelées blanches, par troupe à vol peu élevé, et faisant retentir perpétuellement son cri : « *Fi-fi!!!...Fi-fi-fi!!!...* » Il est complètement arves-

tre, c'est-à-dire qu'il vit constamment à terre et se
perche rarement. Il en demeure toujours dans nos
contrées un certain nombre en hiver, qui se canton-
nent le long des rivières et des ruisseaux, là où
ils trouvent encore à pâturer. Peu frileux, comme
on voit, et fort sobre, cet oiseau ne doit pas
s'éloigner beaucoup au Midi, et il nous revient de
bonne heure. Comme l'alouette aussi, dont il est
contemporain de migration, il *donne* en passant
au miroir. On en tue quelques-uns, par passe-
temps ; mais son vol à soubresauts, irrégulier, en
rend le tir difficile, et cette proie, chétive et maigre, ne vaut pas le coup de fusil : mieux vaut la
laisser à son rôle utile d'insectivore [1].

Cette famille comprend plusieurs autres variétés, moins communes et peu commodes à distinguer en pleins champs : le *Pitpit* ou le *Fifi
rousseline*, le *Pitpit* ou le *Fifi Richard*, le *Pitpit*
ou le *Fifi spioncelle*, etc.

*
* *

Il faut cependant en avoir le cœur net avec
cette appellation de *Pitpit des buissons*, fort mal

---

1. Dans le Midi, en Italie, où il arrive plus grassouillet, on
n'est nullement de cet avis.

appliquée aux oiseaux qui précèdent, par toutes les raisons qui ont été dites, et qui me paraîtrait convenir à merveille à une petite espèce d'un tout autre genre, celui des Gobe-mouches (Musicapa), comprenant plusieurs variétés : le *Gobe-mouche gris*, le *Gobe-mouche à collier*, le *Gobe-mouche de Lorraine*, le *Gobe-mouche deuil* (Musicapa luctuosa). Ce dernier est appelé aussi *Becfigue* dans le midi et en Italie, et plus généralement *Mûrier*, par sa très grande prédilection pour les mûres et pour les autres baies de l'automne, en dehors de sa pâture habituelle d'insectes. En voici la description : dessous blanc un peu teinté de gris, manteau brun foncé avec deux bandes noires sur le front, ailes noires avec quatre ou cinq plumes blanches, queue idem avec l'extrémité des pennes blanche, bec noir un peu crochu par le bout et élargi à la base, pattes fines et noires. C'est par excellence un des habitants des buissons touffus où il picore les petits fruits rouges de l'aubépine, les mûres sauvages et autres fruits ; ce qui ne l'empêche pas de faire une guerre acharnée aux mouches et moucherons, *zigzaguant* perpétuellement à gauche, à droite, en haut, en bas, pour les gober au passage. Très vif, très alerte, il est toujours en mouvement, battant des ailes comme le coucou d'une horloge de bois, et poussant des « *pit-pit* » répétés et très nettement accentués.

Il est rare dans l'Est, ainsi que ses congénères, et j'ai eu peu d'occasions de l'y rencontrer. Cependant j'en ai vu, il y a quelques années, un passage considérable : les buissons, les lisières des bois, en étaient remplis. Il migre, à l'automne, dès le commencement de septembre, et son passage se prolonge surtout en s'avançant au sud ; c'est-à-dire qu'il fait de nombreuses stations dans tous les lieux où il trouve à vivre somptueusement, et, avec son régime frugivore, il devient gras et dodu, au point de faire un excellent petit-pied dont les méridionaux sont très friands. Il revient fin avril.

Voilà, je crois, le vrai *Pitpit des buissons !* Et je n'aurai pas fait une critique vaine en montrant combien ce nom est attribué sans motif au petit oiseau dénommé *Becfigue*, dans le nord de la France et par Buffon lui-même, peut-être bien à tort, mais surtout combien son nom de genre, ANTHUS, a peu de sens. Je préférerais de beaucoup celui de *Prairial* ou de *Prairien*, qui serait tout à fait caractéristique.

*
* *

Comme bec fin des champs et par une certaine

analogie d'habitat, de coutumes, de nourriture, même de cri, avec le *Fifi* dont il vient d'être parlé, il faut placer à la suite une mignonne famille, celle des Bergeronnettes (*Motacilla*), qui comprend deux espèces, la *Bergeronnette* proprement dite et la *Lavandière*, ainsi nommée de son amour pour les eaux vives. Toutes deux émigrent plus particulièrement après la saison des pluies de l'automne, qui leur procure en plus grande abondance les vermisseaux et les insectes dont elles se repaissent. Ce sont, par leurs hautes jambes, la vélocité et l'élégance de leur démarche toujours cadencée d'un hochement de queue qui souvent sert à les désigner, de véritables *chevaliers* en miniature.

Les Lavandières, qui se distinguent par leur beau poitrail jaune, nichent un peu partout le long des cours d'eau petits et grands, leur domicile d'élection; elles sont les plus précoces à la migration, mais les moins abondantes. On les voit de temps à autre apparaître jusque sur les toitures de nos maisons, où elles viennent picorer les insectes qui cherchent là un dernier rayon de soleil et un abri sous les tuiles. Un certain nombre hiverne.

Les Bergeronnettes, à poitrail blanc, nichent plus au nord et nous arrivent en plus grand nombre et par vols serrés, jusque dans le mois d'octobre, selon l'état hygrométrique de l'atmo-

Bergeronnettes.

sphère. Celles-ci s'arrêtent volontiers dans les prairies, au milieu des bestiaux, pour y piper les insectes que les animaux y attirent, et ces bonnes bêtes les laissent faire, sachant fort bien qu'elles leur rendent service : de là le nom de *Bergeron-nettes*. Elles suivent aussi, avec grande passion, le laboureur qui retourne son champ et met à découvert les larves qui s'y sont enfouies. Leurs

points de station favoris sont les grandes plaines
humides, et comme en chemin elles acquièrent
un certain embonpoint, on leur fait dans le Midi
une chasse lucrative au filet-battant. On les vend
à Paris, à pleins paniers, sous le nom pompeux
de *Becfigues*, bien que la saison de passage de
ceux-ci soit depuis longtemps terminée ; mais les
marchands et le *bonhomme public* n'en savent
pas plus long.

Retour en avril.

*
* *

Avant d'arriver à la grande migration d'octobre,
il faut élaguer quelques groupes, importants
néanmoins, et plus ou moins migrateurs de septembre. Le tableau bien rempli qui suivra en
sera d'autant simplifié.

Le premier, en ordre de date, est celui des
PIGEONS (*Columba*) ou des COLOMBINS, comme dit
Toussenel, qui veut, et avec raison, des noms har-
moniques pour les oiseaux. Il se compose de trois
espèces, les *Tourterelles*, les *Ramiers*, les *Bizets*.
Il y en a bien une quatrième, les *Pigeons de roches ;* mais je suis tenté de les regarder comme
de simples réfractaires des colombiers domestiques.

La Tourterelle (*Columba turtur*), sur laquelle
on a fait beaucoup d'élégies et qui ne les mérite
point tant pour l'innocence prétendue de ses
mœurs, suit de près la caille, lorsqu'elle a bien
picoré nos moissons et ce qu'il en reste aux premiers jours sur le sol, c'est-à-dire à la fin d'août
et au commencement de septembre.

Ses cousins les Bizets (*Columba livia*) et les

Ramier.

Ramiers (*Columba palumbus*) sont un peu moins
pressés. Ils commencent par se rassembler, ce
que ne fait point la première, qui voyage par couple ou par famille; puis ils se mettent en route
fin septembre et courant d'octobre, en troupes

serrées, à peu de hauteur, mais d'un vol rapide et soutenu. Il paraît que la grande masse de ces deux espèces établit, pour l'Europe occidentale, son grand courant de migration par les gorges des Pyrénées, car l'on sait les chasses formidables qui s'y font de ces oiseaux de temps immémorial. J'en ai sous les yeux des descriptions fort intéressantes ; mais elles seraient un peu longues et un peu trop spéciales à la contrée pour être rapportées. J'aime à croire que ce gibier gagne beaucoup en qualité dans son voyage, car sous notre latitude il est assez insignifiant.

Les trois espèces migrent en Afrique, non sans laisser quelques représentants en chemin. Elles nous reviennent en avril et en mai.

*
* *

Ici encore doit se placer une nombreuse et farouche tribu, les *Rapaces diurnes et nocturnes*, qui ont un double rôle dans la migration, celui de participants et d'exploitants. Car il faut bien qu'ils émigrent aussi, sous peine de périr de misère lorsque leur provende habituelle a disparu, les oiseaux pour gagner le sud, les quadrupèdes rongeurs et autres bestioles, qu'ils ne dédaignent point, pour s'enfouir sous terre et se garer du froid. Mais ces rusées et méchantes bêtes, qui, hélas! ne font qu'exécuter le décret de la souveraine nature, la sustentation des êtres vivants les uns par les autres, connaissent parfaitement les époques des passages des oiseaux, plus encore, en excellents géographes, les points de stationnement des espèces qu'ils préfèrent.

Le plus petit moule de la race et celui qui offre

Pie-grièche.

les représentants les plus hâtifs dans l'ordre de la migration est la Pie-Grièche (*lanius*, boucher; nom judicieux, pour cette fois) : genre ambigu, car, s'il n'a point encore la serre puissante, son bec robuste, recourbé du bout, acéré, échancré, indique bien sa fonction de dépeceur de chair et de buveur de sang. Très amateur de gros insectes, guêpes, frelons, bourdons, mais très avivore aussi, il comprend deux espèces, la *Pie-grièche* proprement dite et la *Pie-grièche-écorcheur*.

Nous sommes déjà en retard avec celle-ci, car dès la fin d'août et le commencement de septembre elle se met en route, par famille et d'une façon très occulte, comme elle nous est venue au commencement de mai : pour ma part, je n'en ai jamais vu passer. L'Écorcheur habite la lisière des bois, les haies, les buissons des terrains vagues. C'est un bel et fier petit oiseau qui porte gravement sa moustache. Comme ses congénères, il a une passion pour les insectes hyménoptères, et lorsque son appétit en est rassasié, pour se distraire ou s'en faire un garde-manger, on ne sait, il les pique aux épines des buissons. On est fort surpris de rencontrer souvent ces insectes ainsi empalés : c'est l'Écorcheur qui a fait cette plaisanterie ! Toussenel dit avoir vu en Algérie des acacias épineux garnis de ces suppliciés. Sa passion pour les jeunes oisillons n'est pas moindre, mais pour la satisfaire il pousse la ruse jusqu'à

la fourberie : il contrefait la voix des pères et
mères ; les petits, attendant la becquée, poussent

Pie-grièche-écorcheur.

leurs pépiements et se décèlent. Plus tard il les
pipe, c'est-à-dire qu'il imite le cri d'un oiseau

pris au piège : « *Kie-Kie-Kie-Kie*......!!! » : les oisillons attirés par la curiosité s'approchent et tombent sous sa griffe. Là encore le prend sa manie de pendaison, car il s'empresse d'accrocher les peaux aux épines, d'où son nom très bien trouvé *d'écorcheur*, et probablement aussi son sobriquet jurassien de *Panguillard*. Autrefois, dans cette dernière contrée où il est abondant, on lui faisait la chasse au mois d'août. J'ai voulu tenter l'aventure, mais je ne m'y suis pas retrouvé : sa chair est moins qu'agréable.

La Pie-grièche grise et ses variétés, *la rousse, la méridionale*, etc., sont beaucoup plus rares, et je soupçonne la première surtout d'être beaucoup plus avivore qu'apivore. Toutes ne sont guère qu'erratiques et suivent la limite des grands froids; car on en voit à peu près tout l'hiver, isolément ou par couples.

Le grand type et le plus haut titré des rapaces, l'Aigle, est bien obligé de déguerpir lorsque la froidure et les neiges envahissent ses hauts lieux d'habitat; il va fort loin au sud, si bon lui semble, ses grands moyens de locomotion lui en donnent toute facilité, et, d'autre part, comme il faut à ces grands voraces un terrain de chasse assez

étendu, le père et la mère se hâtent d'expulser de
leur canton leur propre progéniture, dès qu'elle
est d'âge à pourvoir à sa subsistance. C'est ainsi
que chaque automne on rencontre, même dans
les plaines les plus éloignées de leur lieu d'origine, de jeunes aiglons errants, à la recherche de
la pâture et d'un nouveau domicile.

La nombreuse famille des FAUCONS (*Falco*), qui
comprend trois groupes principaux, les *Faucons*
proprement dits, les *Éperviers* et les *Buses*, est
entièrement migratrice.

Les faucons et les éperviers connaissent parfaitement les bons lieux de passage : on peut s'en
fier à eux. Dès la fin de septembre ils viennent
camper en ces points : on s'en aperçoit aisément
en les voyant tournoyer dans le ciel en nombre
insolite, et on peut dire alors que la grande passe
d'octobre approche. J'en ai chaque année un
exemple sous les yeux : cette même côte abrupte,
où j'ai conté qu'on avait fait un si bel abatis de
geais en 1872, et qui coupe transversalement la
route des migrateurs du sud, est une de leurs
stations, avec bons motifs à l'appui. Les oiseaux
de cette direction viennent, en effet, y buter,
et trouvant là l'abri des grands bois, un sol
humide et riche en insectes, une campagne

Aigles.

voisine plantureuse, ils s'y reposent ou escaladent lentement la pente : c'est une belle occasion pour les forbans, et ils ne la manquent point. Ce qui ne les empêche pas de piquer des pointes en

Faucon.

plaine, pour varier leur ordinaire, regagnant chaque soir leur gîte, gorgés de nourriture et volant lourdement. J'en vis un, un jour, retournant ainsi à son perchoir habituel : un oisillon le poursuivait avec acharnement, évidemment lui demandant compte du meurtre de son fils ou de son compagnon. La vilaine bête, sans se retourner, lui allongea un coup de bec, et le pauvret tomba à pic d'une centaine de pieds.

On signale maintenant un bien autre fait. La

Buses.

race des Falconidés, mettant à profit toutes les occasions d'assouvir ses appétits gloutons et loin de s'émouvoir du tapage des trains de chemins de fer, les accompagnent ; et cela pour fondre sur les volatiles qui s'étaient remisés sur les bords et que le bruit fait déguerpir. Plus encore, ils savent

par expérience, les forbans, que les migrateurs
nocturnes, les cailles, les grives, même les perdrix sédentaires, se blessent ou se tuent contre
les fils télégraphiques, et il n'est pas rare de les voir
inspecter au matin les lignes, comme les gardes-
barrières eux-mêmes. Ce grand progrès des communications rapides porte encore en lui une cause
de destruction des espèces aviales, comme on le
voit.

Que les jeunes chasseurs ne se fassent donc
point faute d'occire en toute occasion les bracon-
niers de l'air, dont nous avons intérêt à restreindre la race. Pour les y engager, je puis leur dire,
après tout, qu'un salmis d'éperviers gras, à l'automne, en vaut un autre. J'en ai quelquefois ré-
galé des délicats qui les prenaient pour d'excellents pigeons domestiques, à l'exemple d'un *loustic* de ma connaissance, qui fit avaler à des
amateurs un pâté de corbeaux pour un fin pâté
de bécasses, au moyen de quelques traîtres becs
qui dépassaient le dôme ; et tous s'en léchèrent
les lèvres. — « Oh ! le bon pâté!... » — Il est vrai
qu'un fin cuisinier y avait mis la main.

Les rapaces nocturnes, les HIBOUX et les CHOUETTES
(*Strix*), sont bien obligés aussi de suivre les mêmes errements. Une partie des chouettes qui habi-

tent nos fermes et nos édifices, et qui y trouvent
le couvert et le vivre — car la population de nos

Hiboux.

petits rongeurs n'a pas lieu de s'engourdir ou de
s'enfouir dans ces abris — sont devenues sédentai
res, mais les autres gagnent le Sud.

Les *Moyens-Ducs*, nous dit-on, accompagnent
les cailles dans leur traversée de la Méditerranée ;

Chouette.

ils en sont bien capables, pour vivre à leurs dé-
pens: il serait, en effet, illusoire de croire que

ces nocturnes bêtes se contentent de rats et de souris, ils ne se privent point de menu gibier à plume et à poils, comme le prouvent leurs repaires et les pelottes qu'ils dégorgent après la digestion, et tout aussi bien la fureur que leurs cris excitent en plein jour, même en imitation, dans le monde des oiseaux des bois. Certains amateurs ne font point fi de ce gibier, et au marché de Toulon on vend fort bien des ducs gras et plumés, de même que poulardes du Mans ou de Bresse.

Les Rapaces sont de méchantes bêtes, je n'en disconviens pas ; mais que les humains ne les maudissent point trop, si ce n'est comme concurrents, car ils ont leur utilité. Ils détruisent nombre de gros insectes, nombre de rongeurs, et de plus les reptiles venimeux, la vipère en tête. Voici comment s'y prennent pour cette dernière les faucons et les éperviers. Lorsqu'ils découvrent ces reptiles endormis au soleil, ils se laissent choir à proximité et d'un vigoureux coup d'aile étourdissent la bête, après quoi ils lui fendent le crâne et emportent la proie. — Un bon point à leur race pour cette bonne action ! —

*
* *

Voici, à leur tour, deux groupes d'une com-

plète utilité, les *Pics* et les *Mésanges*, qui me four-
nissent un aphorisme sinon absolu, du moins
d'une grande vérité relative, à savoir : que la nature nous a révélé elle-même, dans le merveilleux
équilibre de ses lois, l'utilité approximative des

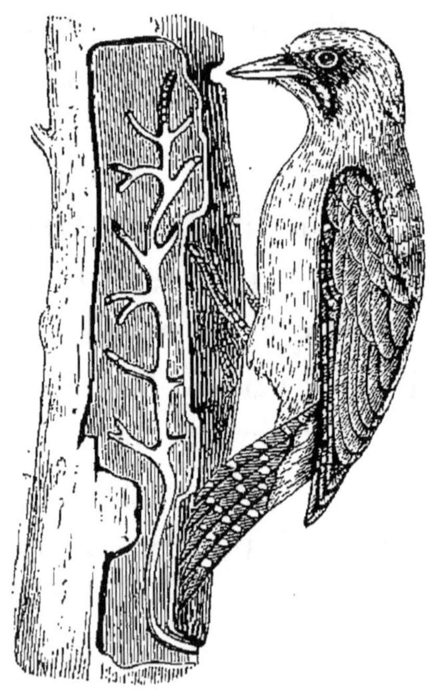

Pic.

oiseaux par la qualité de leur chair. Elle nous
dit, avec plus de certitude que Moïse dans son
Deutéronome : « *Tu mangeras ceux-ci et épargne-
ras ceux-là* » ; par un précepte bien simple, c'est
que les uns sont excellents gastronomiquement
parlant, et les autres détestables. Application im-

médiate : les pics et les mésanges sont immangeables, donc ils sont utiles au premier chef.

Et de fait, les Pics sont d'infatigables éliminateurs des insectes qui rongent nos arbres, nos forêts, dans leurs fibres mêmes ; sans cesse ils cognent, ils sapent : *Toc-toc-toc ! ! !* ... ; jusqu'à ce qu'ils aient extirpé le ver rongeur. Comme chaque chose a son revers dans ce bas monde, les forestiers pourraient leur reprocher de faire leur part de mauvaise besogne ; je connais une belle allée de forêt, décorée du nom pompeux d'*Allée du roi de Rome*, dont les grands arbres de lisière sont perforés comme des écumoirs par ces intrépides charpentiers, pour y loger leur progéniture. C'est un bilan d'utilité et de dégâts à établir.

Le Pic noir (*Picus martius*) est rare dans notre latitude ; il niche plus au Nord ou dans les hautes altitudes et, dans sa migration, va peu au loin : bel et curieux oiseau qui habite au fond des grands bois et qu'il est difficile d'apercevoir ; on l'entend du moins par ses cris retentissants, et surtout par ses gloussements qui imitent à s'y méprendre, à distance, un commérage de voix humaines. Et quel charpentier ! J'ai vu un tronc de sapin entaillé de son fait de larges mortaises, tranchées comme avec l'outil, longues de 20 cen-

Pic noir.

timètres, profondes de 15, et au fond le trou de
la larve qu'il recherchait. Le pauvre diable ne
doit pas engraisser à ce métier !—

Grimpereau de muraille.

Il en est de même du Grimpereau de muraille
(*Certhia muraria*) quant à sa rareté dans notre
zone et que nous apercevons quelquefois en octo-

bre et en avril, inspectant les rochers et les vieil
les murailles : oiseau solitaire, au plumage lugu-
bre gris foncé ou noir cendré avec des goutelettes
de sang aux ailes, au vol de papillon nocturne,
que l'imagination populaire a baptisé du nom
d'*oiseau de la mort*.

Le Pic-vert (*Picus viridis*), le Pic-épeiche (*Picus
major*), l'Épeichette (*Picus minor*), etc., sont indigènes dans notre zone et émigrent en partie
seulement. Je pourrais en dire plus long sur cette
curieuse tribu ; mais je coupe au court, pour
m'appesantir sur les espèces qui nous intéressent
plus spécialement.

Les *Mésanges* forment une petite nation assez
nombreuse en espèces, et très abondante en sujets :
mangeuses insatiables des insectes des arbres,
autour de nous comme au fond des bois, toujours
en mouvement, visitant, furetant partout, sous
les feuilles, autour des branches ; toutes migratrices, parce que les insectes ailés ou complets
forment une part de leur nourriture et que les
larves d'hiver ne leur suffiraient point. Bien
qu'elles aient une certaine inclination pour les
graines oléagineuses et pour quelques baies, cel-
.les du sureau, par exemple, comme aussi pour la
viande fraîche et la cervelle des petits oiseaux,

les méchantes petites bêtes ! la nature les a marquées d'un haut titre d'utilité par deux caractères :
la coriacité de leur propre chair et leur prolification, qui s'élève jusqu'à dix-huit et vingt-cinq pe-

Charbonnières.

tits par nichée, et cela à plusieurs reprises dans
la saison. Voyons les espèces les plus communes.

La CHARBONNIÈRE compte deux variétés : la GROSSE
(*Parus major* ; on se représenterait à ce nom un
gros capitaine de cavalerie) et la PETITE (*Parus mi-*

nor). Toutes deux sont d'excellents indicateurs du mauvais temps, et j'ai dans l'oreille, depuis mon enfance, leur satanée petite ritournelle de circonstance. Pas plus loin qu'un matin de cette année, j'étais à travailler devant ma fenêtre, grande ouverte sur un ciel magnifique qui promettait un beau temps de longue durée : « *Titi-tu!!!... Titi-tu!!!...* », se mit à siffler la grosse charbonnière ma voisine. Je tressautai sur ma chaise ! — « *Titi-tu!!!... Titi-tu!!!...* » — et elle avait raison ; trente-six heures après, il pleuvait en déluge. — La petite a une variante qui imite fort bien la musique d'une lime sur une scie : » *Z'raï!!!... Z'raï!!!... Z'raï!!!...* », et ainsi de suite : d'où le nom de *sarrayié*, serrurier, fort bien trouvé, qu'on lui donne en Provence.

L'une et l'autre nichent à peu près partout dans la zone tempérée ; mais il en vient considérablement du Nord, en septembre et octobre, par grandes volées, surtout quand le gros temps menace ou que l'époque est tardive. Elles nous reviennent de bonne heure, fin mars.

La mignonne Mésange bleue (*Parus cœruleus*) est très commune, mais moins abondante aux passages que les précédentes.

La Mésange a longue queue, en quelques pays *Bénédictin*, ainsi nommée de son plumage noir et

blanc, est plus sauvage et habite le fond des bois ;
mais, très prolifique, c'est par troupes nombreuses

Mésanges bleues.

qu'elle passe, à en couvrir les arbres. Elle est
un peu plus tardive au départ.

*
* *

Dans cette foule des migrateurs du Sud, il est
difficile d'observer un ordre parfait, et j'élague,
un peu pêle-mêle, les groupes secondaires, avant
d'arriver à la grande migration d'octobre. Mais
voici une petite tribu de migrateurs de septembre,
et même des premiers jours, qu'il faut mettre à
sa place, les *Traquets* (*saxicola*), que l'on divise
en trois espèces : les *Traquets* proprement dits,
les *Traquets-motteux* et les *Tariers*.

Le Traquet qui donne son nom, tiré de son cri,
au genre, et qui n'est point *saxicola* ou habitant
des rocailles, du tout, se tient dans les buissons
et surtout dans les vignes. Là, perché sur la cime

Le Traquet.

des échalas, il se livre à une gymnastique conti-
nuelle, faisant la cabriole, voletant de droite et
de gauche pour picorer les insectes, sans cesser
de faire retentir son petit cri comique : « *Traque!*
Traque!!!... Ouist-tra-tra!!!... Ouist-tra-
tra!!!... ». C'est un charmant petit oiseau, au
plumage noir, blanc et fauve, rondelet, gai,
alerte. Il émigre fort clandestinement, probable-

ment par famille, et nous revient de même en avril.

Le Traquet-motteux, le vrai *saxicola*, ressemble de fort loin ou, pour mieux dire, pas du tout, au précédent ; il est plus gros, plus allongé et assez muet. Son plumage est gris cendré sur le dos, blanc sous le ventre et au croupion ; dernière particularité qui le fait appeler *cul blanc de taupières*. Il se tient constamment sur les rocailles des champs et des pâtures, sur les taupières et les mottes des labours, guettant, de ces éminences, les larves, les chenilles et les vers. Il devient fort gras à l'automne, et c'est alors un excellent petit gibier. Il a plusieurs variétés moins communes. Il passe en grand nombre en septembre, dans certaines localités de son choix ; à mon estime sur les plateaux élevés et rocailleux ; de buttes en buttes, de mottes en mottes ; ce qui ne l'empêche pas de traverser la mer, ainsi que l'autre traquet, car on les retrouve en Afrique, et comme le prouve 'exemple du gard e du sémaphore de Toulon, qui en prenait, au retour d'avril, six cent vingt-cinq en deux jours.

Le Tarier, comme toilette, ne ressemble ni à l'un ni à l'autre ; son plumage est fauve, plus pâle en dessous qu'en dessus, naturellement, et strié de noir. S'il se rapproche du Motteux par la forme allongée du corps et la queue courte, il est beaucoup plus près voisin du Traquet proprement dit par ses habitudes et son cri : il se *branche* à peu près constamment soit sur les buissons, soit sur les hautes plantes des prés qu'il affectionne particulièrement : aussi est-il abondant dans la région des pâturages des hautes altitudes. Sa migration est un peu plus tardive que celle des deux autres espèces.

*
* *

En septembre, il y a de nombreux temps d'arrêt dans les passages ; mais, dès qu'octobre approche, comme la saison s'avance et que les fraîches matinées se font sentir, c'est un défilé perpétuel, on pourrait dire de tous les jours et par tous les temps ; néanmoins, la loi du vent debout persiste, et nous en signalerons de remarquables exemples. La nombreuse peuplade des petits habitants des champs ouvre la marche.

Pour ma part, je ne fais point fi de ces petits oisillons, car ils sont très instructifs sur le sujet qui nous occupe. En effet, ils passent en plein jour, on pourrait dire *coram populo*, à la portée de tout le monde, et aussi bien sur nos villes, si

elles se trouvent dans leur itinéraire, qu'en pleine
campagne, en tel nombre et si fréquemment,
qu'ils sont faciles à observer. Il en résulte que
souvent par eux nous pouvons conclure des agis-

Pinson.

sements des espèces plus importantes, mais plus
sauvages ou plus rares, dans leurs migrations
soit diurnes, soit nocturnes ; puis, enfin, ils sont
si plaisants à voir, si gais, si alertes, que forcément ils nous intéressent.

Lorsque le passage du becfigue commence à
diminuer sensiblement, c'est-à-dire vers le 25 septembre, le PINSON (*Fringillus*) nous arrive. Tout

le monde connaît ce charmant hôte de nos jardins, de nos bois, comme de nos champs ; mais pullulant en telle abondance dans le Nord, qu'il nous vient à l'automne en quantité considérable ; son ramage d'amour est éclatant ; c'est le clairon de la gent aviale ; ses allures et sa toilette ne manquent point d'une certaine *respectabilité*, en même temps qu'il est d'humeur allègre, si bien que la sagesse des nations lui a conservé un dicton : « *gai comme pinson !* »

Dès le début de septembre, les indigènes se sont mis en préparatifs de voyage ; ils vont, ils viennent et s'agitent : les jeunes pour achever leur développement et leur éducation ; les vieux pour se mettre en bon point de migration. Ce sont les jeunes qui ouvrent le branle sous la conduite de quelques anciens ; probablement parce qu'ils sont plus sensibles aux intempéries et qu'ils ont besoin d'une nourriture plus abondante. Ils n'ont pas encore la livrée de l'âge adulte, et mâles et femelles se confondent par leur plumage. Mais ces jeunes étourdis sont si peu circonspects en voyage, malgré les sages avis des pères-conscrits qui les guident, qu'ils tombent dans tous les pièges : au bois, l'appeau de chouette, ou simplement d'oiseau en péril, les fait venir sur votre tête ; en plaine, le ramage des vieux, aveuglés et mis en mue à contre-saison, les fait se précipiter dans les nappes du filet-battant. Je tiens à déclarer que, dans ma passion d'enfance pour l'oisellerie, je n'ai jamais commis cette barbarie préméditée d'aveuglage des pinsons et d'autres pour une minime satisfaction : je me contentais de simples appelants.

Les pinsons passent par troupes, sinon pressées, du moins assez compactes, de douze, de vingt, trente individus, par vol cadencé et en répétant souvent leurs petits « *fiou-fiou!!!....* » caractéristiques, dans la matinée et un peu le soir, surtout si le temps menace. Par le beau fixe, volontiers ils s'arrêtent, passant d'arbre en arbre, et, lorsqu'ils se posent, poussant d'énergiques : « *quin-quin!!l....* » leur cri de ralliement.

Qu'on me permette une observation qui s'applique à toute la migration de cette époque : dans le bassin du Rhône (mes renseignements manquent pour ailleurs), il règne en ce temps, un peu plus tôt, un peu plus tard, une série de vents du sud venant d'Afrique, secs et chauds, souvent en brise carabinée : on dirait un reste de sirocco mitigé par la mer. C'est ce vent qui, dans le haut du bassin, fait mûrir les raisins et les fruits au point de leur donner une saveur méridionale ; et il y est si connu qu'il a un nom, le *vent-blanc.*

Depuis mon enfance, j'ai perpétuellement vu qu'il était le véhicule de tous les migrateurs réguliers du Sud ; si bien qu'à certains jours, particulièrement lorsqu'il doit être suivi de gros temps, ce sont des veines, des défilés formidables de passereaux. Les petits oisillons, nos grands maîtres en fait de vol, piquent droit dans sa direction avec aisance et facilité, et cette remarque a été pour moi le point de départ de la théorie du vol normal de l'oiseau à vent debout, en glissant sur la couche d'air qui le porte et qui lui laisse tous ses moyens d'action pour la propulsion.

La migration des pinsons se prolonge durant tout le mois d'octobre ; à partir du 15, ce sont les vieux qui se mettent en voyage ; mais ceux-ci sont madrés et donnent peu dans les pièges ; il n'y a plus que le cri d'appel de leurs semblables qui les fasse s'arrêter. Comme la généralité des espèces qui vont suivre leur exemple, à peu près dès le début ou successivement, ils s'éparpillent dans les contrées méridionales de l'Europe, et un petit nombre seulement doit passer en Afrique : voire même, il en reste toujours quelques-uns dans notre latitude, même dans le Nord, où est née la charmante coutume de la *gerbe de Noël*, placée dans les champs et destinée à donner un peu de pâture à ces pauvres sédentaires. Quant aux pinsons émigrés, ils s'empressent bien vite de nous revenir, et à peine le premier rayon de soleil de février annonce-t-il de loin l'approche du renouveau, qu'ils nous font entendre leur joyeuse chanson.

Sous le nom de *Fringilles*, l'histoire naturelle a groupé avec sens une nombreuse tribu de granivores ayant certaines analogies de caractères et de mœurs. Le premier type est celui des pinsons proprement dits, à bec robuste à la base, mais aigu du bout et pinçant bien, comme l'indique le nom vulgaire. Indépendamment de quelques variétés, peu communes dans la zone tempérée, et dont il sera parlé dans le chapitre suivant, un des congénères les plus immédiats est le beau Pinson du Nord ou *des Ardennes*, au plumage fauve et noir. Habitant l'extrême Nord, sa migration est beaucoup plus tardive. Il n'apparaît qu'à la fin d'octobre pour prolonger son passage jusqu'en novembre, alors en vols serrés et très nombreux. Ce qu'il a de particulier, c'est que son cri de ralliement ressemble assez bien au miaulement d'un jeune chat : « *Miè-è-è,* » ce qui lui a fait donner dans l'Est le sobriquet de *Mianard*. Son retour est précoce aussi, mais moins apparent.

Les autres espèces sont à peu près rangées dans l'ordre suivant :

Le Gros-bec spécialement habitant des bois, où, de son bec solide et vigoureux, il se nourrit de noyaux de cerises et de graines des arbres. Il passe en septembre et octobre, par familles, et revient en avril.

Le Verdier est oiseau des plaines. Il est caractérisé par son bec trapu et solide, ainsi que par son plumage vert cendré, taché de jaune citron sur la tête, au poitrail et aux arêtes des ailes. Chez le mâle, ces taches jaunes sont très vives et produisent un bel effet. Son cri ordinaire est assez monotone : « *Bru-u-u!!!...* », et son ramage de printemps est un autre *bruement* beaucoup plus sonore, terminé par deux notes douces et harmonieuses : « *Bré-é-é-é...zia!!!......* », ce qui le fait appeler dans l'Est *Bruant*, nom qui me semble beaucoup mieux lui convenir qu'au groupe qui suivra, appelé *Bruant* par les naturalistes, je ne sais pour quel motif, et dont il a été dit déjà quelques mots à propos de l'ortolan, lequel a été forcément détaché du groupe par l'époque et la particularité de sa migration. Le verdier est répandu dans toute l'Europe; bien qu'il soit de mœurs sauvages, de physionomie peu spirituelle, il se prête à la captivité et s'apprivoise à merveille. Il passe par petits groupes d'abord, et, à l'arrière-

Gros-becs.

saison, par grands vols. Il hiverne dans les contrées méridionales, et revient en mars et avril.

La Soulcie, ou *Moineau des bois*, est beaucoup moins commune. Il m'est arrivé une seule fois d'en prendre au filet-battant, et, à quelques kilo-

mètres de là, dans mon pays de chasse habituel,
je n'en ai jamais vu un seul. Toussenel, dans son
pays de Lorraine, n'en a pas vu davantage.

C'est autre chose du Friquet, qu'on pourrait appeler le *Moineau des champs*, répandu partout, je
crois. Il passe durant tout le mois d'octobre et
même en novembre par petites troupes pressées,
turbulentes, piaillantes. C'était la grande récréation des oiseleurs au temps ou le filet-battant était
permis en France. Si un friquet venait à se poser
sur le buisson fatal, tous se précipitaient en
masse et étaient englobés dans les pans du piège.
Mais les avoir en sa possession était autre chose :
agiles comme des anguilles et espiègles à l'ave-
nant, ils *gillaient* par les moindres issues, au besoin faisaient les morts et s'envolaient de plus
belle ; et, en définitive, si on récoltait la moitié
de la prise, c'était tout. Ils vont assez loin au
midi, un peu deci delà, à leur fantaisie, et reviennent en mars.

Le Serin d'Europe, ou le charmant petit *Cini*,
est l'hôte par excellence de nos jardins et de nos
vergers, et les pommiers sont ses arbres de prédilection pour la nichée. Le mâle, en belle toilette
de printemps à plastron jaune tendre, papillonne

à l'entour, en débitant tous les airs de sa serinette pour charmer sa compagne. Comme d'autres oiseaux, du reste, il a une zone longitudinale : très abondant dans le bassin du Rhône, il devient rare du côté de l'ouest, et un ornithologiste a signalé que la dernière famille se voyait à Paris dans la partie est du Jardin des Plantes ; je l'y ai vue moi-même. Il en résulte qu'il est peu connu à Paris : c'est dommage, il y remplacerait avec avantage son lourdeau de congénère des îles Canaries ; car il s'apprivoise fort bien, et il est vif et coquet à voir. Il nous arrive du Nord par grandes volées en octobre ; mais il est peu curieux ou fort circonspect, et on en prend peu, quels que soient les pièges employés. Sa migration se prolonge jusqu'en Afrique, où on le retrouve. Quelques naturalistes l'ont même appelé *Cini d'Afrique*, mais il est tout aussi bien indigène d'Europe. Il nous revient fin avril ou au commencement de mai, lorsque les fleurs éclosent : c'est le cadre nécessaire à ce mignon petit musicien de nos jardins, pour lequel je conserve une vive affection d'enfance.

La LINOTTE, ou le *Linot*, et ses variétés, sont d'autres charmants chanteurs des champs et des vignobles, qui s'accommodent très bien de la captivité. Réunies en famille dès la fin de l'été, gazouillant sur la cime des tiges de maïs, les linottes se groupent peu à peu en grandes bandes, composées de toutes les habitantes du canton, auxquelles viennent encore s'adjoindre les arrivantes du Nord, et parcourent les plaines, d'un vol capricieux, sans se hâter d'émigrer : on les voit encore en novembre. Les naturalistes se sont creusé l'imagination pour trouver l'étymologie de leur nom, et le font provenir de la graine du lin, dont elles seraient très avides. Elles croquent toutes les menues graines avec plaisir, ainsi que la verdure, sans parler des insectes; et ce nom est purement imitatif de leur chant, un doux petit « *Lino!...* », suivi de quelques ritournelles. Un jour, j'avais mis, à une jeune nichée qui voltigeait en liberté dans mon logis, des branches de mélèze, comme perchoir et pour égayer leur captivité : elles n'y laissèrent pas la moindre foliole verte. J'aurais pu, alors, les appeler *Verdurettes*, si elles n'avaient pas été parfaitement baptisées.

La linotte hiverne, partie dans le midi de la France, et partie au delà, dans les contrées plus méridionales encore. Quoiqu'on dise, en mauvaise part, *tête de linotte*, de leur vol léger et qui paraît étourdi, elles sont futées comme de petites commères et se prennent difficilement. Elles viennent

au miroir d'alouettes, mais passent rapidement,
seulement pour satisfaire leur curiosité.

Le beau et coquet CHARDONNERET, qui gazouille

Chardonnerets.

aussi fort agréablement, a le bec plus allongé et
plus pointu que les deux espèces précédentes, et
ce bec dénonce sa fonction d'amateur forcené des
graines du chardon. Preuve incontestable de son
utilité, c'est que sa chair est amère et coriace plus

que celle de tous les autres Fringilles, et c'est doublement dommage de détruire ce charmant oiseau. Lui aussi migre par troupes souvent très nombreuses en octobre.

Son voisin en espèce, le Tarin, l'extirpateur des graines des arbres, est beaucoup plus tardif à la migration. Enfant du Nord, il n'émigre que lorsque le froid se fait sentir, à la fin d'octobre ou en novembre, même assez peu régulièrement. Il passe en grandes bandes, quelquefois fort haut, et on entend seulement ses petits « *Tulie!!!*..... *Tulie!!!*..... » ; mais il vient fort bien à l'appelant. Il remonte de bonne heure.

Les naturalistes sont assez embarrassés de loger le Bouvreuil (*Pyrrhula vulgaris*) ; mais l'ornithologie vivante n'hésite pas à le rapprocher des Fringilles, par ses formes, son plumage et toutes ses habitudes. Il aime peu la chaleur et niche loin au Nord, si ce n'est, dans notre latitude, sur les montagnes ou dans les contrées à température peu élevée, telles que la Bretagne où je l'ai vu très nombreux en été. Il passe en octobre par bandes, mais ne va pas loin, et on en voit rarement sur le littoral de la Méditerranée. Il revient en mars.

Je passe sous silence quelques autres Fringilles moins communs.

*
* *

Simultanément à ceux-ci passent, en plaine, les BRUANTS des naturalistes (*Emberiza*), que les oiseliers de Paris, qui ont aussi leur langage, nomment *Bréants :* de là sans doute la confusion de MM. Noël et Chapsal; mais je n'en connais pas un seul parmi ces oiseaux qui *hennisse comme le cheval*. Ils forment une petite famille, dont nous avons déjà détaché le fameux *Ortolan* des gourmets. Les quatre espèces les plus répandues sont :

Le BRUANT JAUNE ou des *haies*, que l'on nomme *La Verdière* dans l'Est, le type du genre, qui se distingue par le bec à mandibule inférieure évasée sur la supérieure et laissant entre celle-ci, à la base, un certain vide, et par son habitude de nicher à terre, à l'inverse des Fringilles qui nichent sur les arbres. C'est un assez bel oiseau, presque de la grosseur de l'alouette, avec laquelle il se confond souvent dans les brochettes des rôtisseurs de Paris, fauve strié de noir sur le dos, à plastron et à calotte jaune éclatant chez le mâle, mais très farouche. Son ramage de printemps, qu'il fait en-

tendre du haut des grands arbres, est triste :
« *Dine-Dine-Dine-Dine….Die-e-e…* ! ! ! » ; et son
cri d'appel, une façon de « *strelitz* » sec qui, je
crois, est l'origine de son nom allemand. Il vient
assez volontiers au miroir. Il commence à passer
en septembre isolément ou par petits groupes, et
ensuite, surtout à l'arrière-saison, en bandes
nombreuses. Dès la fin de mars on entend son
chant de retour.

Le Bruant zizi, ainsi nommé de son cri d'appel,
est un peu plus sauvage et moins nombreux que
le précédent.

Le Proyer, ami des grandes plaines, comme la
Champagne, et des prés.

Le Bruant ou l'*Ortolan des roseaux*, qui passe
en octobre, mais qui est assez difficile à observer.

*
* *

Il faut parler maintenant, pour épuiser la longue série des oiselets, d'un groupe de petits oiseaux des bois, presque tous migrateurs d'octobre

et, pour la plupart, charmants petits êtres ailés
et des plus plaisants par leur chant varié et agréablement modulé. C'est la jolie tribu des becs fins

Ortolan de roseaux.

ou des Fauvettes (*sylvia*, un des rares noms bien
réussis de la classification scientifique.)

Nous en avons déjà détaché le *maëstro soprano*
par excellence, le *Rossignol*, que l'on fait généralement migrer à l'Est : je ne voudrais point le cer-
tifier, ainsi que je l'ai déjà dit, tant cette marche
est peu semblable à celle de tous les autres mem-

bres de la famille qui se répandent plus ou moins en chemin en allant au Midi et dont un certain nombre passe en Afrique.

La Fauvette a tête noire (*sylvia atricapilla*), ainsi que la Grise (*sylvia orphea*), habitantes de nos jardins, ne tardent pas à le suivre ; cependant, elles ne sont pas aussi ponctuelles au départ, et, selon la saison, attendent volontiers la maturité des baies de sureau dont elles sont très friandes. Leur voyage est tout à fait *incognito*, elles apparaissent et disparaissent comme le précédent, et leur marche est difficile à observer ; mais on les retrouve en Afrique où un de mes amis, grand observateur des oiseaux, m'atteste y avoir entendu chanter la Fauvette à tête noire, en hiver. Et tous nous avons trop présentes à l'esprit les notes mélodieuses de ce chant pour que nous puissions nous y tromper. Je connais, de par ce monde, un hémicycle de grands rochers et de pentes de bois qu'arrose une belle source des plus pittoresques : charmante solitude qu'affectionne une fauvette ; sa voix y résonne et y prend une ampleur que je ne retrouve nulle part ailleurs. Guidé par l'exemple, aux jours où j'habitais le voisinage, j'y amenais une jeune amie, douée, elle aussi, d'une voix merveilleuse ; elle

J'y amenais une jeune amie.....

aimait à nous y chanter une romance de vogue
alors et bien de circonstance :

> O fauvette,
> Joliette,
> Reine de nos buissons,
> Redis-moi tes chansons,
> Sous l'ombrage
> Du bocage,
> Oiseau, donne-moi tes leçons !
> Oiseau, apprends-moi tes chansons!....

L'écho reprenait le chant dans une octave supérieure et avec une suavité de sons à ravir les
archanges. C'était un concert, un opéra sur nature, et quel décor!... Je ne puis plus passer
dans ce lieu sans que cette voix angélique me
chante encore à l'oreille.

La Fauvette babillarde (*sylvia garrula*), qui constamment babille dans les haies et les buissons,
a des habitudes semblables de migration.

Je passe sous silence de nombreux sujets de
cette famille des Fauvettes proprement dites,
moins communs, plus ou moins hâtifs et dont
quelques-uns même, comme le petit Pouillot,
attendent la venue des froids pour gagner de plus
chaudes contrées.

Le beau Rossignol de muraille (*sylvia phœni-*

curus), qui habite le toit de nos demeures et de nos édifices, passe en septembre et quelque peu en octobre pour nous revenir en avril.

La Fauvette rouge-queue ou la *Queue-Rousse* (*sylvia tythis*), passe davantage en octobre.

Le charmant Rouge-gorge (*sylvia rubecula*) s'attarde volontiers en chemin, attendant la maturité des baies des buissons et des raisins des vignes dont il est très amateur. La saison des pluies automnales est son temps de prédilection pour se mettre en voyage, parce qu'elle lui prépare une ample pâture de vermisseaux. Malheureusement pour lui, cette abondante provende le transforme en véritable pelotte de graisse et il fait alors de délicieuses brochettes. Il émigre sans se presser, de buissons en buissons, hochant la queue et répétant ses joyeux « *Tit-ri-ti* ». Il s'arrête un peu partout, se rapprochant de nos maisons, des bois ou des champs, pour y trouver un abri et quelque nourriture, et ne s'en va pas loin, pour revenir dès le mois de février. C'est l'oiseau des légendes des charbonniers et des bûcherons ; chaque forêt a la sienne. Dans mon enfance, on me contait qu'il ensevelissait, en les couvrant de feuilles mortes, les pauvres égarés morts de fatigue ou de froid.

C'est beaucoup de sentimentalité; mais je soupçonne que l'intérêt personnel y entre pour quelque chose. Il sait, le petit rusé, que sous ces feuilles naîtront des myriades de larves et qu'il y aura grande picorée pour lui et les siens. C'est moins poétique!

Les mignons petits Roitelets (*sylvia regulus*) passent pendant tout l'automne et même l'hiver en se pendant aux arbres pour les débarrasser de leur vermine et en poussant de petits « *zi-zi-zi* » lorsque la proie est abondante. Et j'en passe nombre d'autres de cette grande tribu des becs fins des bois et des buissons.

*
* *

Mais voici une autre et intéressante famille dont quelques-uns des membres ont le double attrait gastronomique d'un certain volume et d'une esculence de chair qui ne le cède qu'à peu de gibier; ils sont, en plus, des maîtres chanteurs par excellence : ce sont les *Grives*.

Avant d'en parler, néanmoins, il faut placer ici un de leurs voisins en espèce et le dernier oiseau avec lequel nous soyons en retard, car sa migration est précoce; c'est le Loriot (*Oriolus galbula*),

au beau plumage et aux mœurs curieuses, mais
difficile à classer parmi nos oiseaux d'Europe,
tant il est exotique parmi tous. Lorsqu'il passe

Roitelets.

comme un trait dans la verdure des bois, d'un vol
droit et rapide, il ressemble à un rayon de soleil
par son corsage d'un jaune éclatant; son nid, sa-
vamment construit, a l'air d'une calebasse sus-

Loriots.

pendue à l'extrémité de la branche qu'il a choisie. Comme les grives, il élit domicile dans les bois humides et tranquilles où il pourra picorer en paix les insectes du sol, sa pâture de fondation ; mais il doit peu s'aventurer au nord de notre latitude, de même qu'il n'a pas une prédilection pour les grandes altitudes. Il nous arrive en mai, lorsqu'il fait chaud et que les arbres ont revêtu leur frondaison d'été ; on le voit peu au passage, seulement il a soin de nous signaler son arrivée par les trois notes sonores de son chant de printemps, dont son nom de *Loriot* est une pâle imitation ; il y a du soleil jusque dans la voix de cet oiseau des tropiques égaré dans notre région. Ce n'est que lorsque les cerises sont mûres qu'il perd de sa sauvagerie ; mais, alors, pris par son faible, il vient jusque dans nos jardins gruger les baies rouges et affriolantes, amenant avec lui toute sa progéniture à la picorée ; et il s'en donne et il s'en gave !

La saison de ce fruit une fois passée, le loriot songe au départ : les plus pressés de l'espèce se mettent en route vers le 15 août, les plus tardifs au commencement de septembre. Ils ont perdu alors leur belle voix de printemps et passent silencieusement par petits groupes de famille. Ils trouvent dans le Midi les fruits du mûrier et recommencent leurs picorées. En Italie et dans les contrées les plus méridionales du continent, ce sont les figues, et ils s'y engraissent à doubler de volume, au dire d'un correspondant; c'est alors un bon manger. De là ils vont en Afrique et probablement poussent jusqu'aux tropiques, leur véritable patrie; mais ils passent si peu de temps parmi nous, pas plus de trois mois, qu'on s'est demandé ce qu'ils faisaient tout le reste de l'année : on n'a pas encore pu le savoir.

Les contes bleus n'ont point manqué sur ce bel oiseau. En voyant ses petits horriblement contrefaits de nature, la tête grosse, l'ossature saillante, on a dit qu'ils naissaient par briques et morceaux que les parents recollaient au moyen d'une herbe spéciale. Voilà un genre de procréation qui ne ferait pas honneur à la nature.

La Grive (*Turdus*) est une de mes amies d'enfance, et on me permettra de m'étendre plus longuement à son sujet. Le genre comprend, en Europe, quatre espèces parfaitement déterminées, plus les *Merles* qui forment une famille à part.

La première en date de migration est la Grive commune, la *Grive de vigne*, si l'on veut (*Turdus musicus*, la *Tourde* en provençal), qui niche en France dans tous les bois frais ou élevés à partir

de la latitude moyenne, particulièrement à l'est
où elle est très abondante et où elle se multiplie
encore par plusieurs nichées successives. Les
grives commencent d'abord leur migration en
altitude, des plateaux élevés dans les bois inférieurs, lorsque les matinées fraîches commencent

La Grive commune.

à venir ; puis le gros de l'espèce se met en route
à l'époque où, dans notre zone d'observation, les
baies des bois et des buissons, ainsi que les raisins des vignes, entrent en maturité, car elles
ont une passion pour tous ces fruits, de même
aussi que pour les cerises, qu'elles ajoutent aux

vers, aux petits escargots et aux insectes terrestres, leur régime habituel. C'est, par conséquent, vers les premiers jours d'octobre que
commence réellement leur migration, et le plein
du passage a lieu généralement durant la se-
maine de la pleine lune de ce mois pour se terminer aux derniers jours. Elles passent par
grands vols épars, la nuit, et lorsque les courses
matinales de la chasse font sortir les Nemrod
avant l'aube, ils les entendent passer à leurs
« *T'sic* » stridents, mais non sans qu'elles fassent de nombreuses stations dans les buissons
les mieux garnis en petits fruits ou mieux encore
dans les vignes, pour peu que la saison leur soit
favorable et qu'elles n'aient point à redouter les
gros temps ou les rafales du nord-ouest ; autrement toutes décampent en une nuit. Dans le bassin du Rhône, qui forme comme un long vignoble
de la mer à son sommet, la veine de migration
est considérable. Dans le Jura, par exemple, où
la vendange est très tardive, les grives trouvent
à leur arrivée les raisins en maturité et tous encore pendants aux ceps ; elles s'en donnent à
cœur joie. Or, un rôti de belles tourdes, blanches
de graisse et onctueuses de raisin, est une des
friandises de l'automne, et les habitants du pays,
qui en ont une passion, font une terrible guerre

à ce fin gibier. Il a coutume de passer la journée aux vignes, et, au soleil couchant, de regagner les grands bois pour la nuitée; c'est l'instant favorable. Sur le territoire de la ville d'Arbois, renommé par ses vins et qui pourrait l'être pour ses grives, cette chasse est nationale; on n'y manquerait point à l'époque voulue. Une côte, couronnée par une grande forêt, est la remise privilégiée de la nuit; les grives y *remontent* en quantité, et tout du long du plateau sont échelonnés les chasseurs qui les reçoivent par une fusillade des mieux nourries dans les bons jours de passage; au-dessous s'étendent de petits bois aménagés tout exprès et tendus soit de *collets en perche*, soit de *pantières* ou *pantennes*, grands filets placés verticalement et aujourd'hui très perfectionnés, c'est-à-dire faits à tramail et dans lesquels les grives s'emboursent successivement jusqu'à la fin de la *passe*. La chasse au fusil est quelque peu anodine, car la grive a le vol tellement rapide que c'est un tir difficile, mais avec la pantenne, à tramail surtout, on fait de fort belles *razzias*.

Les grives, de stations en stations, arrivent dans le Midi à la fin d'octobre et au commencement de novembre, déjà fort bien lestées en esculence, et trouvent là une nouvelle victuaille : nouvelles séances d'engraissement, par conséquent, qui donnent la *grive aux olives*, deuxième édition du genre, revue et perfectionnée. Les Provençaux, qui n'en sont pas moins friands, comme de toutes les proies possibles, du reste, leur tendent d'autres embûches. Chez eux, c'est *la chasse au poste à feu*, composée de quelques arbres verts, surmontés de *cimeaux* ou branches sèches pour perchoir, au pied desquels on place des appelants en cage, et, par les meurtrières d'un cabanon, toutes les malheureuses qui ont le travers de se laisser séduire et de se percher sont traîtreusement fusillées. On en fait encore ainsi de fort belles hécatombes. Au temps où j'habitai la Provence, un pâtissier d'Aix s'était fait une réputation par ses merveilleux pâtés de tourdes qu'il ornait d'une belle citation latine de je ne sais quel auteur, pour prouver leur antique valeur gastronomique ; car, dans l'ancienne Rome, les Apicius, les Lucullus et autres fameux gourmets de ce temps, prisaient tellement les grives qu'on les engraissait à leur usage, comme encore de nos jours les ortolans, et en si grande quantité, que le *guano* ou la fiente constituait une branche de commerce et était vendu à haut prix aux horticulteurs. Des régions méridionales où elles se disséminent en partie, les grives passent en Afrique, soit directement, leur vol rapide et soutenu leur en donne toute facilité, soit en suivant les contrées les plus avancées dans cette direction.

On a agité aussi, à leur sujet, la question de savoir si, avec cette grande propension pour les fruits, elles ne suivaient point les récoltes, c'est-à-dire si, après être descendues au midi, à la recherche des primeurs, elles ne remontaient pas au nord en suivant les maturités successives, pour reprendre ensuite leur réelle direction du sud. J'ai été témoin d'un fait qui me l'aurait donné à penser.

Étant en stationnement, au mois de juillet, dans les grandes forêts de sapins du haut Jura, lieu de reproduction par excellence, j'y voyais sur les lisières des nuées de grives et de *grivets* pâturant dans les prés ou venant se désaltérer aux abreuvoirs, et je m'étais bien promis d'en venir faire quelques massacres, une fois la chasse ouverte. Aux premiers jours de septembre, toutes avaient disparu, probablement contrariées par les fraîches nuits, précoces dans ces parages. Où étaient-elles allées, car dans les bois inférieurs elles n'étaient pas en plus grande abondance que de coutume?... Je ne sais! — Mais il est de vieille expérience, dans notre pays, qu'elles n'arrivent dans le vignoble que tout à fait maigres, et qu'il leur faut

un certain temps de séjour pour se mettre en
embonpoint. Puis, nous les voyons arriver, c'est-
à-dire s'arrêter d'abord sur les bords des bois de
la direction du nord, et, de là, plonger dans les
vignes. A l'inverse, elles parviennent, en novembre, sur le littoral, en fort bel état d'engraissement, et ne font que s'y compléter. Je ne puis
donc admettre la remontée au nord, spéciale jusqu'ici, paraît-il, aux martinets et aux hirondelles,
que lorsque des faits positifs viendront la démontrer.

Après leur longue, mais rapide pérégrination,
les grives ont hâte de nous revenir, et dès la fin
de février ce sont, avec leurs sœurs les *Mauvis*
et leurs frères les *Merles*, les chanteurs et les en-
chanteurs de nos bois, comme il a été dit dans
un précédent chapitre. En mars, on voit déjà
l'ébauche des premiers nids de celles qui se sont
cantonnées dans nos parages ; les autres poursuivent leur route fort loin dans le Nord. Il manque
encore à l'histoire naturelle de pouvoir préciser
les points extrêmes de la migration des espèces, aussi bien dans la direction de l'équateur que dans celle du pôle, mais [cela viendra
un jour.

Quoique j'eusse pu en dire davantage sur cet
intéressant oiseau, la véritable grive de l'Europe

centrale, cette notice abrégera d'autant celle des espèces qui vont suivre.

La Grive mauvis (*Turdus iliacus*) ou *Grive du Nord*, fort mal dénommée aussi *Grive de montagne*, car elle ne niche que fort au nord de notre latitude, l'est encore plus mal par son nom scientifique d'*iliacus* ou d'*ileosus* qui veut dire vomisseur, dégorgeur, comme si elle avait la faculté, à l'instar d'autres oiseaux dont nous avons parlé, de dégorger les parties indigestes de ses aliments, ce dont à ma connaissance, aucun auteur ne parle et ce qu'aucun fait ne prouve. Cependant elle est facile à caractériser par ailleurs : plumage identique, taille moindre et plus amincie que la précédente espèce ; signes particuliers, large tache rousse à l'aisselle, cri de rappel plus prolongé : « *zie-e-e* », qui lui fait donner en Provence le surnom de *Siblaïré*, grive siffleuse. On dit encore qu'elle passe en plein jour par volées compactes, et que sa chair est plus exquise. Quant à moi, je l'ai toujours vue suivre les mêmes errements de migration que la tourde, avec cette seule différence que, plus tardive et beaucoup moins nombreuse, elle commence à passer lorsque l'autre achève son évolution, et comme elle séjourne peu, on n'a guère le temps de s'apercevoir de la différence comme gibier.

La Draine (*Turdus viscivorus*), ou *Grosse Grive*, passe aux derniers jours d'octobre et aux premiers de novembre, isolément ou par petits groupes : c'est le signal de la fin du passage des deux espèces précédentes. Celle-ci niche partout, depuis les contrées méridionales, mais de préférence dans les bois élevés. Comme elle se nourrit spécialement à l'arrière-saison de baies amères, de sorbes ou de gui, sa chair est tout à fait maussade. Retour également dès la fin de février.

Le Litorne (*Turdus pilaris*), vulgairement *Tiatia* ou *Chia-chia*, de son cri habituel au passage d'automne, et *Chinche* dans l'est. C'est le plus bel oiseau de l'espèce, de taille un peu supérieure à la tourde et de plumage plus coloré, avec de belles taches fauves et blanches au plastron. Elle ne nous arrive qu'aux derniers jours qui précèdent les frimas, par vols serrés et de plein jour, recherchant les sources chaudes dans les prairies, là où la neige n'a pu prendre pied, pour y picorer les vers et les larves. Elle engraisse néanmoins à ce pauvre régime, et j'ai d'elle un bon souvenir. Un jour, un triste hôte de passage aussi, la *grippe*, avait fait station chez moi, me condamnant à la tisane pour toute réfection. Une bonne âme eut l'ingénieuse pensée de m'apporter une belle litorne, blanche de graisse. La grippe recula d'effroi à sa vue, et moi je ressentis se réveiller mes papilles dégustatives. La grande affaire était de faire cuire ce gibier promptement et convenablement ; la casserole me paraissait peu plaisante, le tourne-broche prétentieux pour cette seule bestiole : je trouvai bien vite la recette avec mes instincts d'homme des bois. De mon tisonnier, je l'embrochai par le travers et la présentai à un foyer ardent, sans oublier une belle tartine en dessous. Ce fut fait en un tour de main. Sel et poivre, puis quelques verres de haut arbois, stimulant et généreux : le tout passa comme une lettre à la poste, et onques ne revis la grippe. Je lègue la recette à l'Académie de médecine.

La litorne s'arrête à la limite des grands froids et apparaît rarement sur le littoral. Elle nous revient de très bonne heure, et son passage de printemps, moins nombreux et plus rapide, est peu observé.

*
* *

La famille des *Merles* compte, de son côté, cinq variétés, dont la plus nombreuse, bien qu'elle soit beaucoup moins abondante que la grive commune, est celle du Merle a bec jaune (*Turdus merula*), au beau plumage noir de jais, chez le mâle adulte ;

brun roussâtre, chez la femelle et les jeunes.
Comme mœurs et comme époque de mise en route
à ses deux migrations, il se rapproche de la grive
commune ; mais il a l'aile plus lourde et s'attarde
bien davantage en chemin, *caquetant* dans les cé-

Le Merle.

pées et les buissons. Quelques-uns même commencent à hiverner dans notre latitude, et de plus en
plus en allant au sud. Mais ils subissent en chemin la loi commune de l'embonpoint, à la plantureuse pâture de l'automne, et, bien qu'ils ne va-

lent pas cher encore dans l'est, selon l'adage :
Faute de grives, on mange des merles, j'en ai tué
dans les gorges du Var, qui, par la délicatesse de
leur chair, équivalaient à nos bonnes grives de
vignes. De là, ils poussent plus avant dans les contrées méridionales et dans les îles de la Méditerranée, particulièrement en Corse, où les *maquis*
jeunes bois drus et touffus, périodiquement brûlés
pour être mis en culture, sont parfaitement à
leur convenance. Ils y trouvent, comme pâture, à
la fin de l'hiver, le fruit charnu de l'arbousier,
dont ils se gavent, plus la baie du myrte qui
les parfume en quintessence ; ce sont alors les
Merles de Corse, qu'on réexpédie, par petites
barriques et à haut prix, aux gourmets de l'Europe.

Dans nos bois, ils font concurrence de chant,
à leur retour, avec les tourdes et les mauvis : mais
eux, comme les beaux ramiers, bien farouches,
cependant, ne dédaignent point les jardins de Paris. Ils y trouvent de frais bosquets, de vertes pelouses, une sécurité complète, au milieu d'une
population bien active, c'est vrai, mais plus poli-
cée et aimant les oiseaux pour leurs propres char-
mes. Ils s'y plaisent, ils y chantent, ils y nichent ;
preuve certaine, comme dirait Toussenel, que nombre d'autres espèces se rallieraient également à

nous, si nous savions leur donner un asile con-
venable et une protection efficace.

Les quatre autres espèces de merles sont peu
communes ; c'est dommage, car ce sont tous de
beaux et agréables oiseaux ; d'autre part, leur
migration est des plus fantaisistes. C'est en premier lieu le beau MERLE A PLASTRON OU A COLLIER
(*Turdus torquatus*), le plus gros des merles, dont
quelques couples nichent un peu partout dans le
pourtour des Alpes. Son passage est très acciden-
tel. Comme beaucoup d'oiseaux, même le corbeau,
il est sujet à l'albinisme ; c'est alors le *Châtre* de
Provence, ou le *Merle blanc*, dont Alexandre Dumas
a fait une façon de mythe, mais qui existe bien
réellement.

Le MERLE BLEU (*Turnus cyaneus*), c'est-à-dire
à plumage gris ardoise, et qui n'est pas non plus
un mythe, est le plus petit et le plus rare encore
à la migration. Il paraît originaire du versant
oriental des Alpes.

Enfin, le MERLE DE ROCHE, *passeret solitaire* en
quelques contrées (*Turdus saxatilis*), devient de
moins en moins commun dans notre zone. Il est
plus abondant dans la haute Italie. C'est un oiseau
au charmant ramage qui se plaît dans les ruines.

*
* *

En ornithologie vivante et parmi nos espèces
d'Europe, on peut sans crainte faire suivre le
groupe des grives et des merles, que nous avons
fait débuter par le type ambigu du loriot, du type

Étourneau.

également très transitoire des Étourneaux (*Sturnus
vulgaris*), que les naturalistes savants logent dans
une catégorie à part. Il se rapproche des premiers
par la forme, par les grivelures du plumage, par
sa passion pour les raisins, par son gazouillement
perpétuel qui voudrait être un chant, et qui lui a

fait donner le surnom de *Sansonnet*. Il s'en distingue en ce qu'il est oiseau des plaines et des prairies humides et non pas des bois. Il est bien nommé, ou plutôt le qualificatif humain tiré de son nom est bien appliqué, car ses allures et son vol sont si fantasques, qu'il faut une longue observation pour connaître sa marche de migration. Aussitôt le temps de la nichée accompli, il vit par famille et commence ses courses vagabondes ; son vol rapide et puissant lui en donne la faculté. Au temps où j'habitais l'extrémité de ma vallée natale, j'entendais chaque matin, aux premières lueurs du jour, passer comme un coup de vent devant ma fenêtre : « *Frrrrr!!!*..... » — Certain matin que j'étais debout plutôt que de coutume, je vis ce que c'était : une famille d'étourneaux ayant son gîte sur la montagne se précipitait chaque jour dans la plaine pour pâturer, revenant le soir à son cantonnement. — Peu à peu les familles d'un canton se rejoignent, puis les bandes d'arrivants du nord se réunissent à elles, et en octobre on en voit de véritables nuées, d'un kilomètre de long parfois, évoluant et fluctuant dans l'atmosphère comme une banderole d'étoffe emportée par le vent. C'est alors qu'ils sont dangereux pour les vignes, car si une ou plusieurs de ces troupes immenses se mettent dans un vignoble, elles ont bientôt fait de le vendanger. Mais cette coutume est encore soumise à leur caprice, car elle n'est pas constante ; c'est probablement lorsque leur pâture d'arrière-saison, les sauterelles, les larves et les limaces, n'est pas suffisante dans les prairies ; et ils rachètent ce défaut d'aimer le jus du raisin par une grande utilité de destructeurs de bestioles nuisibles. C'est alors aussi qu'ils prennent leur vol en tourbillon dont il a été déjà parlé : ce qui porte à penser qu'à côté de la question de sécurité qui a été dite se place la condition de leur vol propre dans les grandes agglomérations. Du reste, leur instinct de sociabilité est si développé à cette époque, que lorsque quelques-uns d'entre eux sont isolés, ils se joignent à tous les oiseaux qui volent en troupes, alouettes, vanneaux, corbeaux et petits passereaux. Une partie erre ainsi, de plaine en plaine, jusqu'en plein hiver, en suivant la limite des grands froids, là où la gelée ou la neige ne leur coupent pas les vivres. D'autres poursuivent leur vol, passent en Afrique où ils sont répandus en deçà et au delà de l'Équateur. On dit même qu'ils poursuivent leurs courses vagabondes jusqu'en Australie, pays dont ils ne sont point indigènes et où, néanmoins, il apparaissent parfois en grandes bandes.

Au retour du printemps, ou mieux de la fin de

l'hiver, ils sont tout aussi fantaisistes qu'à l'automne, et remontent aussitôt qu'ils préjugent que la saison rigoureuse est passée, c'est-à-dire que le sol mou et humide leur permettra de picorer. Le 6 janvier 1874, je voyais passer au-dessus de Paris un vol immense d'étourneaux, allant droit au nord. J'en augurai une fin d'hiver complètement tiède, et le pronostic eut raison, au détriment de beaucoup de vignobles où les gelées printanières furent désastreuses, après ce temps trop bénin. Et ce n'est pas la seule preuve de sagacité dans la prévision du temps que m'aient donnée les étourneaux, tout *étourneaux* qu'ils soient. Un certain soir d'automne, par une saison des plus variables, et dont je désirais très fort la fin pour mon propre compte, je vis passer, comme un trait, un vol de ces oiseaux qui regagnaient la montagne à tire-d'aile ; dans la nuit il pleuvait à verse, et le lendemain la plaine était inondée, détrempée : les étourneaux étaient allés se remiser au sec. A quelques jours de là, je vis le même vol, exécutant la même manœuvre ; je le fis remarquer à un touriste qui projetait de se mettre en route le lendemain : il ne voulut pas s'en rapporter à leur conseil et mal lui en prit.

Les étourneaux remontent au nord; mais pas tellement loin, paraît-il, qu'ils puissent passer

d'Europe en Amérique, car ils ne sont représentés
sur ce dernier continent que par des variétés fort
différentes.

*
* *

Abordons maintenant le groupe des alouettes,
dont le nom seul éveille d'agréables souvenirs, et
qui est fort instructif au point de vue de la migration.

Pour l'ornithologiste des champs, l'alouette, par
ses mœurs, son habitat et son genre de nourriture,
est le plus petit de nos gallinacés; mais un type
ambigu, par son vol élevé en plein jour et par son
chant. Ces deux facultés sont trop bien peintes
dans quelques vers cités par Toussenel, pour qu'on
n'ait plaisir à les rappeler :

> La gentille alouette avec son tirelire,
> Tirelire, relire et tirelirant, tire
> Vers la voûte des cieux; puis son vol en ce lieu
> Vire et semble nous dire : adieu, adieu, adieu!...

C'est de l'alouette commune (*Alauda arvensis*),
le type de l'espèce, dont il est question, et c'est
par elle que nous commencerons.

Cette petite personne si coquette tient peu à se
déranger; mais elle n'aime pas le froid, et si on
l'assurait qu'elle n'aura pas les pattes gelées, elle

resterait volontiers parmi nous. Les plus frileuses
prennent les devants au commencement d'octobre;
les autres stationnent dans nos grandes plaines,
beaucoup y demeurent jusqu'aux véritables gelées
ou plutôt jusqu'à la neige, qui a le grave tort de
les condamner au jeûne. Aussi la bourrasque hi-

Alouettes.

vernale s'annonce-t-elle à ces fins météorologistes,
tous ceux qui restent partent à l'unisson. Un certain jour de chasse au chevreuil, par un magnifique soleil de novembre, j'en ai vu passer une
véritable nuée qui ne désapondit point depuis neuf
heures du matin jusqu'à trois heures de l'après-
midi : elles passaient dare-dare à cent pieds de
hauteur, et toutes les séductions du miroir eussent
été sans attrait pour elles. Dès le soir, j'en eus
l'explication : le vent sauta du sud au nord-ouest,

en pleine rafale, et le lendemain, une épaisse
couche de neige nous annonça que le bonhomme
Frimas était venu. Que de fois, en plein Paris, en
voyant passer de grands vols d'alouettes vers le
soir, j'ai averti les dames de préparer leurs man-
teaux et leurs fourrures.

Elles vont ainsi jusqu'à ce qu'elles trouvent un
climat plus clément. D'aucunes hivernent dans le
midi de la France, beaucoup en Italie, en Espagne, etc.; mais le plus grand nombre passe en
Afrique, le chauffoir général de la gent aviale.

Excellent et abondant petit gibier, comme on
sait; on lui fait une chasse infernale, aux filets,
aux collets, au fusil. Celle-ci est bien la moins
destructive, mais non la moins agréable. Au matin, on plante son miroir en un pré, on s'assoit à
quelque distance, un aide tire la ficelle, et, pour
peu que le temps soit propice et la chance heu-
reuse, on commence une fusillade nourrie. Cette
chasse est souvent le prétexte de charmantes parties de campagne; voici la description d'une de
ces scènes qui fut plus pittoresque que productive.

« Généralement les dames raffolent de la chasse
aux alouettes, soit modestement pour tourner le
miroir, soit pour faire, elles aussi, le coup de fusil, et, vives et alertes de leur nature, elles y réus-

sissent très bien. Pas de longues marches et contre marches, un gai soleil qui met l'esprit en joie;
peut-être ce mot de *miroir* les charme-t-il aussi;
en fin de compte, ce sont les derniers beaux jours
et il faut se hâter d'en profiter.

« Si bel et si bien qu'il n'y a qu'un mot à dire :
« *On va demain aux alouettes* »; et aussitôt toutes
les jeunes et jolies ladies se mettent en mouvement : on va, on vient, et on entasse dans les paniers provisions sur provisions, comme pour un
campement de six mois ou une noce de Panta-
gruel. — Précaution fort sage : faites au préalable
une bonne réserve d'alouettes, plumées, bardées,
prêtes à mettre à la broche : de cette façon, vous
serez sûres qu'elles ne manqueront pas à la fête.

« Les messieurs prennent, dès l'aube, les devants. Les dames se mettent en route plus tard,
lorsqu'elles ont entr'ouvert la paupière, fait un
brin de toilette de circonstance, et que la rosée
matinale ne courra plus risque de mouiller la se-
melle de leurs chaussures.

« Telle est la scène qui se préparait sur nos
côtes, par un temps magnifique, certain matin de
fin octobre.

« Tout alla bien au début, et nous espérions
bonne chance; mais lorsque la voiture des dames
émergea sur le plateau, un piteux brouillard de la

plaine, qui tous les jours précédents s'était tenu discrètement au pied des rampes, jugea à propos, pour faire niche aux dames, sans doute, de monter tout doucettement, en tapinois, et de s'étendre de son long sur les pelouses. Un instant après, éclipse totale de soleil à ne pas se voir à dix pas ; réintégration des miroirs dans les sacs, et déconvenue générale. — Que faire?... Contre mauvaise fortune bon cœur! c'était le plus sage. — Aussi bien la misère n'était pas dans le camp, et nous procédâmes incontinent au second acte, puisque le premier était manqué, c'est-à-dire aux apprêts du festin.

« Tous les hommes, transformés en bûcherons, récoltèrent le bois sec des haies et des buissons, et, en un clin d'œil, un immense foyer s'éleva tout à fait à propos pour rasséréner quelques minois chiffonnés par le froid. Une somptueuse broche d'alouettes, venues comme vous savez, se mit à tourner à la flamme. Le plus jeune de la bande, muni d'une cuiller à pot emmanchée d'une gaule, eut l'importante mission de les arroser méthodiquement. A quelques pas, la nappe s'étendit sur le gazon et se couvrit de pâtés, de volailles, de salaisons de haut goût, de gâteaux et de friandises ; le tout flanqué de dives bouteilles dont nous humâmes bien quelques coups par avance, pour chasser l'humide radical. Tout à l'entour, des coussins et des bottes de paille.

« Comme silhouette pittoresque, le vénérable d'entre nous, un octogénaire blanchi sous le harnais de saint Hubert, heureux de se retrouver sur le théâtre de ses anciens exploits, profitait de l'occasion et chassait quand même. Assis sur son pliant comme sur une chaise curule, le fusil en arrêt et l'œil au guet, il attendait avec toute l'illusion du jeune âge. D'autorité, une de ses brus ou son petit-fils étaient condamnés à tirer la ficelle. — « *Ça va venir ! ça va venir !* » disait-il toujours. — Va-t'en voir s'ils viennent, Jean ! C'était le brouillard qui venait... de plus en plus épais. — Bien à regret, il lui fallut se rendre à l'évidence et présider au banquet.

« *Bone Deus !* Quelle noce ! — Raconter tous les beaux coups de fourchette qui se donnèrent dans cette mirifique circonstance serait une entreprise homérique ; j'y renonce. Mais dire qu'aucune de ces dames n'eut une aigrette à son toquet, que tous ces messieurs eurent la langue aussi déliée que ces dames, serait s'aventurer. Le brouillard est si traître !

« Le tableau final compléta la fête. Les bestiaux étaient à la pâture, comme de coutume. Par l'odeur alléchés, sans doute, ils s'approchèrent pas

Le plus jeune de la bande.....

à pas et, au dessert, un cercle de bêtes à cornes,
braquant sur nous leurs gros yeux ébahis, for-
mait galerie. Hilarité sur toute la ligne! — Quelques croûtes de pain saupoudrées de sel les firent
participer à la fête. C'est si facile de faire le bonheur d'autrui, lorsqu'on ne manque de rien! Un
loustic, au cœur plus ému et plus compatissant,
voulut même leur offrir son verre; mais il reçut
une belle leçon de tempérance de ces bêtes :
toutes refusèrent à la ronde. Une rasade au berger
n'eut pas le même sort.

« A peine levions-nous l'ancre, affreux guignon!
que le brouillard redescendait comme il était
venu, et que le soleil resplendissait de toutes ses
escarboucles. C'était une revanche à prendre! »

L'attrait de l'alouette pour l'instrument que
nous appelons *miroir*, parce qu'il est pour l'ordinaire parsemé de petites glaces, attrait qui va
jusqu'à la fascination, — elle se précipite dessus,
voltigeant au plus près, en extase, et faisant le
Saint-Esprit, selon l'expression consacrée, — a
mis fort en émoi les imaginations. On a dit pendant
longtemps, prenant le mot au pied de la lettre,
que l'alouette venait coquettement s'y mirer; c'est
plus qu'invraisemblable. Toussenel dit très poéti-
quement que l'oiseau est attiré par les brillants

reflets du soleil, son ami, son idole. Mais l'emploi, à ces derniers temps, du miroir sans glace, met à néant cette hypothèse. Si nous considérons que l'alouette *donne* tout aussi bien sur une chouette vivante ou empaillée; que, d'autre part, le miroir, tournoyant sur son pivot et vu de haut, simule très bien un oiseau de proie battant des ailes, nous conclurons plus positivement que ce leurre est pris, par quelques espèces, et particulièrement par celle qui nous occupe en ce moment, pour un des rapaces ennemis de leurs races, pris au piège, et du supplice duquel elles viennent se réjouir. J'estime aussi que la curiosité n'y est point étrangère, car on est badaud en voyage, tout aussi bien dans l'espèce emplumée que dans celle habillée, et qu'une bûche, tournant sur un axe, produirait le même effet, sauf l'éclat qui, par tout pays et en toutes nations, a le don de fasciner les yeux. J'en ai pour preuve que l'alouette de passage *donne* très bien sur la queue d'un chien qui frétille dans la *quête*, sur un soc de charrue oublié dans les champs, sur un brin d'herbe dont les gouttelettes de rosée étincellent au soleil, sur tous les objets insolites qu'elle n'a pas l'habitude de voir ou qui l'étonnent. Mais les habitantes du pays sont plus futées; un chasseur expérimenté les a bien vite reconnues.

Une jeune inexpérimentée vient-elle à être séduite
par le leurre, une ancienne se précipite alentour,
et, par une gaie chansonnette, l'entraîne au loin.

— *Va-t'en voir si elles viennent, Jean !* répéterai-
je à mon tour.

L'alouette est bien certainement l'oiseau qui
m'a révélé le mieux la loi du vol de migration,
droit dans le vent. J'ai pour point d'observation,
depuis ma jeunesse, un val, ou pour mieux dire
une *combe*, selon l'expression locale dont la lacune
au dictionnaire de l'Académie a été constatée, il y
a longtemps, par mon compatriote Charles No-
dier, un pur linguiste ; une combe, dis-je, ouverte
du nord au midi sur le plateau où se passait la
scène qui vient d'être décrite, excellent point de
passage par le bon vent, mais nullement de stationnement en raison de l'altitude. Le passage s'y
fait en une veine qui, selon la variation du vent
de sud, infléchit à droite ou à gauche, et il est
sage, lorsqu'on y chasse, de transporter son miroir sous le courant, si on veut bien faire. Cette
loi donne l'explication d'une bien ancienne remarque des chasseurs spéciaux, à savoir : que les
alouettes que l'on prend ou que l'on tue par le
vent de sud sont bien plus grasses que celles cap-
turées par les autres vents. La raison en est
simple : c'est que, par le vent de sud, on prend

ou on tue les alouettes de plein passage, c'est-à-dire celles qui sont en suffisant embonpoint pour se mettre en voyage, tandis que les autres jours ce sont les alouettes en stationnement et qui attendent le supplément de graisse, indispensable pour alimenter leurs longs vols.

La migration d'automne nous trace par avance la marche du retour au printemps. Les alouettes les plus aguerries qui ont hiverné dans le midi de la France, nous reviennent dès que l'hiver s'éloigne, c'est-à-dire au commencement de mars, et les autres suivent successivement. Malheureusement, elles sont encore soumises alors à une terrible destruction. De véritables industriels, échelonnés dans la zone méridionale, leur livrent une guerre acharnée sous l'égide de la loi, et néanmoins l'espèce est tellement prolifique, que les vides dans les rangs n'y sont pas encore bien constatés. Mais il y a là un vice, cependant, qui sera plus particulièrement signalé dans le chapitre des conclusions.

Cette intéressante famille est représentée en Europe par plusieurs variétés. C'est, en premier lieu, la CALANDRE ou *Grosse Alouette*, presque de la taille d'une grive mauvis (*Alauda calandra*), qui n'habite que les contrées méridionales et qui est peu commune;

L'Alouette cochevis (*Alauda cristata*) ou *Alouette huppée*, moins sauvage que les autres espèces et se rapprochant volontiers des chaumières et des grands chemins, dans les grandes plaines sablonneuses et sèches, de la Champagne par exemple, mais qui est inconnue dans l'est ;

Le Cugelier ou *Alouette des bois (Alauda arbo-*

Alouettes huppées.

rea), petite alouette à queue courte et qui perche sur les arbres, douée d'une voix charmante dont elle n'est point avare, car le mâle chante des heures entières son mélodieux ramage de printemps, tout en tournoyant en grands cercles au-dessus du nid de sa compagne, ou perché au haut d'un arbre à proximité. Son cri d'automne est un doux petit

« *Luli!...Luli!...* » qui lui a fait donner le surnom d'*Alouette Lulu*. C'est elle ·précisément qui fait entendre, lorsqu'on la lève dans les vignes ou les terres sèches, son habitat ordinaire, un *farlousement*, mêlé de pépiements, qui, à mon estime, a dû jeter la confusion dans la classification des naturalistes par ce nom de *Farlouses*, donné à un autre groupe. Elle migre depuis la fin de septembre jusqu'à la fin d'octobre, par familles ou par petites troupes, et revient de fort bonne heure, toujours chantant au passage ou en stationnement son gai petit refrain : « *Luli-luli!... fi-fi... fio-fio-fio!...* »

*
* *

Je termine cette longue, mais gaie série des migrateurs du sud, pour faire ombre ou *repoussoir* au tableau, comme disent les peintres, par l'oiseau des mauvais augures, le *Corbeau*, non qu'il soit aussi noir de caractère que son plumage ou que le fait la chronique, car c'est un fort bon vivant en domesticité, pas difficile, s'apprivoisant et s'attachant facilement; à l'occasion, buvant sec par-dessus le marché. On m'a conté que mon grand-père en possédait un qui connaissait fort bien le chemin de la cave, y débouchait prestement une bouteille à coups de bec, la renversait, et, après boire, restait sur le carreau, parfaitement gris. En sa qualité d'omnivore, le corbeau est utile comme éliminateur des gros insectes et particulièrement du ver blanc, l'antécesseur du hanneton; on lui reproche de se repaître des cadavres de toute sorte; en ceci, il remplit encore sa haute mission d'expurgateur des immondices de la surface de la terre. Son plus grand défaut est d'avoir un faible pour les œufs des nids et même pour les oisillons. En cela, il a tort; mais qui est parfait dans ce monde?

On appelle communément corbeau tous les oiseaux noirs de l'espèce; mais il faut distinguer. Nous avons en premier lieu :

Le GRAND CORBEAU, le *Corvus corax* de la science. Remarquez que ces deux mots ont exactement la même signification, et que c'est absolument comme si on disait en latin et en grec, le *Corbeau-corbeau*. Le dictionnaire de MM. Noël et Chapsal, plus jovial que je ne croyais dans ma jeunesse, nous apprend qu'on donnait ce nom de *Corax* aux prêtres de Mythra, dans l'ancienne mythologie; probablement en raison de leur coutume de s'habiller de noir, à l'instar de l'oiseau en question. Le *Corvus corax*, puisque telle est sa désignation, vit isolé, c'est-à-dire par couple, dans les

rochers et au fond des bois. Il est assez sédentaire; mais, néanmoins, il migre sans aller très au
loin.

Nous avons ensuite les Corneilles noires et man-

Le Freux.

telées (*Corvus corone* et *Corvus cornix*), les Chou-
cas (*Corvus monedula*), qui vivent en colonies dans
nos contrées et émigrent régulièrement en octobre
et novembre; ils vont probablement jusqu'en
Afrique. Le Freux (*Corvus frigileus*) est originaire
du Nord et se distingue par sa tête un peu chauve.
C'est celui-ci que nous voyons arriver, en plein
hiver, par bandes nombreuses qui couvrent quel-

quefois un kilomètre carré de terrain. Plus aguerri contre le froid, il ne va pas loin et généralement ne dépasse pas le littoral européen.

Là finira cette longue énumération des migrateurs du sud, que j'ai écourtée autant que possible, pour ne pas fatiguer le lecteur.

CHAPITRE VI

MIGRATEURS ACCIDENTELS

Pour compléter cette étude des espèces migratrices, il faut encore y ajouter les principaux oiseaux qui se montrent moins régulièrement parmi nous, et le nombre en est grand ; car il n'y a pas d'années où, dans toutes les contrées, on ne signale des spécimens rares ou totalement inconnus, en plus ou moins grande abondance. Nous avons déjà cité un certain nombre de ces oiseaux qu'il était à propos de réunir à leur groupe naturel ; mais il en est d'autres intéressants qui se font voir soit périodiquement, soit localement seulement, et dont les agissements appartiennent encore à l'histoire de la migration. Ils peuvent se diviser en trois catégories : les migrateurs en altitude ou les habitants des hautes montagnes que les grandes chutes de neige et la rigueur du froid obligent à chercher un refuge dans les bas-fonds, et qui généralement ne s'écartent pas au loin de leur pays d'élection ; les migrateurs à grandes intermittences que l'on voit par périodes indéterminées, souvent en très grand nombre, probablement délogés de leur pays de séjour par la disette ou l'excès de population ; enfin, les migrateurs exotiques qui viennent visiter quelques-unes de nos contrées.

Tous les animaux sauvages qui habitent les hautes régions, à peu d'exceptions près, émigrent plus ou moins en hiver, c'est-à-dire descendent sur les versants ou dans les plaines environnantes ; par la souveraine raison qu'ils périraient de misère et de froid sur un sol recouvert d'un épais manteau de neige, à moins qu'ils n'aient la faculté accordée à quelques espèces de s'enfouir et de s'engourdir pour un laps de temps. Les oiseaux de ces régions, n'ayant pas cette latitude, sont bien obligés de suivre la loi commune ; mais comme ils sont par avance accoutumés à une température peu élevée, ils n'ont pas besoin de chercher au loin un climat plus clément et se contentent d'abaisser leur lieu d'habitation.

La vaste chaîne des Alpes, comme d'autres, du reste, possède plusieurs espèces de ces migrateurs.

Le PINSON DES NEIGES ou *Niverolle* (*Fringilla ni-*

valis), assez semblable au Pinson ordinaire, mais plus pâle de couleur, est assez commun dans la

Pinson des neiges.

haute Provence; mais il ne s'avance pas même jusqu'au littoral. On le voit également, au commencement de l'hiver, dans le nord-est de la France venant de l'extrême nord.

Le Gavoué et le Mytilène, deux espèces de Bruants rares et peu connues. Je ne sais s'il faut rattacher à l'une des deux l'Alpin, oiseau estimé à l'égal de l'Ortolan dans la ville de Grenoble, mais qui est rare néanmoins et qui descend peu au-dessous de cette ville. Il m'était inconnu, n'ayant jamais eu occasion de passer dans l'Isère à la saison favorable et, sur la foi de plusieurs naturalistes, j'étais porté à le considérer comme un Fringille, lorsque tout récemment, au 21 décembre dernier, un obligeant correspondant voulut bien m'en adresser deux spécimens qui m'ont permis de l'apprécier au naturel et gastronomiquement. En voici d'abord la description : taille plus forte et plus allongée que celle des Pinsons, longueur, de l'extrémité du bec à celle de la queue, 18 centimètres; envergure, 35 centimètres; bec noir, conique et peu trapu, aplati latéralement et rentrant sur les bords pour laisser un interstice à la jointure; plumage gris cendré sur la tête, roux écaillé de brun sur le dos, ailes noires, longues et effilées avec une large tache blanche qui, dans le développement, couvre plus de la moitié de la surface; gorge gris perle, poitrail et ventre d'un blanc peu vif qui se prolonge jusqu'au bout de la queue dont les pennes supérieures seules sont noires; pattes de cette dernière couleur.

Par ces deux caractères d'un corps allongé et surtout d'un bec rentrant sur les côtés, en laissant un vide dans la jointure, il faut le ranger indubitablement dans le genre *Bruant* des naturalistes. Par les larges parties blanches de son plumage, d'autre part, il indique une tendance à l'albinisme, bien naturelle chez un habitant des altitudes neigeuses et quasi sibériennes.

Restait à savoir s'il méritait la haute réputation gastronomique dont il jouit à Grenoble. Pour m'en assurer, je procédai, moi-même, de la même manière que pour la Litorne dont j'ai parlé, et je dois avouer que les Grenoblois ont fort bon goût; c'est un fin et succulent petit gibier, et, en somme, un fort bel oiseau.

Il faut citer encore l'ACCENTEUR DES ALPES, qui se rapproche de la famille des Fauvettes, avec un bec plus fort, et qui apparaît également dans la haute Provence où, dans quelques localités, on lui donne aussi le nom d'*Alpin*.

Puis deux curieuses espèces de corbeaux, le *Chocard* des Alpes, au bec d'un très beau jaune, et le *Crove* des Pyrénées, au bec rouge, qui s'écartent deci, delà de leurs sites élevés et solitaires au grand ébahissement des gens qui les aperçoivent. Un de ces derniers hivers, une famille des premiers est descendue des Alpes jusqu'au dernier plateau du Jura où elle a été prise pour des merles à bec jaune de taille phénoménale, originaires probablement du pays de Chanaan!

Tous ces migrateurs d'altitude, circonscrits dans un espace restreint, sont assez peu nombreux, et il suffit de les signaler comme exemple de migration spéciale.

La catégorie des migrateurs accidentels est un
peu plus importante et offre, d'autre part, un
certain intérêt, car on ne se rend pas toujours

Le Jaseur.

compte de leurs motifs d'évolution, faute d'observations suffisantes sur les lieux d'origine ou assez
suivies dans leur parcours. Elle compte notamment deux espèces qui nous arrivent par vols considérables, mais à des périodes souvent très éloignées et toujours très incertaines : le beau JASEUR
DE BOHÊME, espèce de Gros-bec à bec court et trapu,

19

gorge et moustache noires, huppe relevée, ailes
noires marquées de taches jaunes. Il niche dans
l'extrême Nord et n'en descend que par les hivers
les plus rigoureux pour venir jusqu'en Alsace, son

Becs-croisés.

point d'arrêt. — Le Bec-croisé (*Loxia curvirostra
major*), autre bel oiseau plus gros que le précédent, à plumage très variable de couleur selon
l'âge et le sexe, et caractérisé par son bec en ci-
saille; anomalie étrange qui a évidemment pour
but le déchiquetage des cônes des arbres résineux.

Il niche dans le Nord, à partir de la latitude de la Belgique. Ses migrations sont des plus incertaines et de longues années se passent sans qu'on en aperçoive un seul. Puis il arrive, dès le début de l'automne, par vols nombreux, et pousse ses

Casse-noix.

courses jusqu'au littoral méditerranéen ; mais il remonte de fort bonne heure, au mois de janvier.

Une troisième espèce, le CASSE-NOIX (*Nucifraga coryocatacles* : je cite les noms scientifiques souvent à simple titre de curiosité, et on avouera que ce dernier surnom est assez peu harmonieux), est plus régulière dans ses migrations ; mais cet oiseau passe isolément ou par couple, et il est rare. Sa taille est un peu plus forte que celle du merle, son plumage fauve est moucheté de blanc, et son bec, long et robuste, le fait ranger en histoire naturelle après les Pies et les Geais, dans l'ordre des *corvirostres*. Il en niche, paraît-il, en Suisse, dans les forêts de sapins, et son apparition à l'automne y est regardée comme un présage de l'hiver.

Enfin, de nombreux oiseaux exotiques des contrées méridionales; peut-être eux, à l'inverse, fuyant l'extrême chaleur ou, ce qui est plus dans l'ordre des choses, allant à la recherche d'une plus abondante provende que celle de leur pays d'origine qui devient rare, visitent annuellement nos côtes et s'avancent plus ou moins loin dans les terres. Tels sont :

Le ROLLIER (*Corraccias garrula*), espèce de Geai, au plumage azuré du plus bel effet, originaire d'Afrique et un peu d'Espagne, qui vient quelquefois dans le midi de la France, mais isolément et en se cachant dans les profondeurs des bois, comme s'il se sentait dépaysé.

Le MARTIN-ROSELIN (*Turnus roseus*), un étourneau au plumage rose et noir : fort bel oiseau dont le pays d'origine est très obscur. Il arrive aussi dans le Midi en automne; mais plus fréquemment il voyage, comme son confrère indigène, par grandes bandes, et est peu sauvage. Il reprend sa route au printemps.

Le plus beau des visiteurs exotiques de notre littoral est, sans contredit, le FLAMANT (*Phœnicop-*

Spatule.

terus ruber), oiseau de l'Orient par excellence qui, néanmoins, pousse des promenades ou des reconnaissances jusque dans nos contrées occidentales, à peu près chaque année en hiver et au printemps, y faisant même un certain séjour. On en cite quelques-uns qui se sont avancés jusqu'à la Loire, jusqu'en Champagne, dévoyés de leur route par des vents contraires, disent les naturalistes. Pour ma part, je crois peu à ces déviations contraintes et forcées; les oiseaux sont généralement plus maîtres de leurs moyens d'action; et je préférerais l'attrait d'une nourriture nouvelle, la curiosité de voir, d'explorer d'autres contrées où, peut-être, ils pourraient établir des colonies : car un fait à noter pour les Flamants, c'est qu'ils sont également indigènes dans l'Amérique méridionale, et on se demande comment ils ont pu se disperser à si longue distance. Il est peu probable, qu'habitant des chaudes régions, ils aient pris la route du Nord; mais ils ont le vol puissant, et leurs pattes palmées leur permettent de se mettre à la nage pour se reposer, puis de reprendre leur élan; et pour ceux-ci la grande traversée de l'Océan serait moins incompréhensible.

Quelques autres grands échassiers de rivage, les Spatules, ainsi nommées de la forme aplatie de leur bec par le bout, plusieurs espèces d'Ibis, etc., viennent encore jusqu'à nous; mais la longue énumération que nous venons de parcourir suffit

Flamants.

largement à donner une idée détaillée de la migration générale, et il est temps d'en déduire les conclusions qui peuvent être intéressantes ou utiles.

CHAPITRE VII

CONCLUSIONS

Tous les oiseaux, sauf un petit nombre de sédentaires, migrent chaque année, aux approches
des frimas, les uns plus ou moins à l'est ou à
l'ouest, les autres directement des contrées du
nord vers celles plus tempérées ou plus chaudes
du sud : la nature, en leur en faisant une loi à la
fois utile et obligatoire, leur en a donné les
moyens de locomotion et de direction indispen-
sables pour cette existence nomade. Elle a en vue,
sans aucun doute, l'accomplissement de leur
mission pondératrice de [l'exubérance végétale et
animale sur l'ensemble de la surface terrestre, et
chaque espèce, selon ses besoins et son genre
d'existence, a son mode de voyage, ses époques,
ses parcours, aussi bien au départ de l'automne

qu'au retour du printemps. Il n'y a plus d'hypo-
thèses ou de contes bleus à faire sur ce point.

Maintenant, pour apprécier ce grand mouvement bisannuel qui transporte le monde des oiseaux du cercle polaire vers l'équateur et réciproquement, il suffit de jeter un coup d'œil sur une
carte d'Europe ou mieux sur un globe terrestre,
pour concevoir facilement : 1° que la conformation des points de départ, les hautes chaînes de
montagnes, telles que les Alpes et les Pyrénées,
doivent déterminer des veines ou des courants
plus abondants ici que là, selon l'ingénieuse conception de M. della Faille de Leverghem ; 2° que
ces courants sont, d'une part, accélérés ou ralentis
par les vents favorables ou défavorables, et, d'autre part, souvent déviés dans leur marche par
les conditions météorologiques et topographiques
perpétuellement variables d'un lieu à un autre.
Ces deux conditions sont la base de la dispersion
infinie des oiseaux sur toute la surface de la
terre, qu'a voulue la nature, et, en y ajoutant les
conditions du sol, de la température, de la nourriture, qu'offrent les différents lieux, elles nous
donnent une idée précise de l'extrême variabilité
que subissent les passages dans une même contrée, d'une année à l'autre, en même temps que
du peu de fixité souvent du nombre des sujets

qui restent en un lieu pour la reproduction.

Il en ressort un grand enseignement! Si, en effet, nous nous représentons la masse innombrable des oiseaux qui peuplent l'Europe, de l'Océan aux monts Ourals, et même par delà, car autant vaudrait dire l'hémisphère boréal, et qui, deux fois l'an, vont et viennent du nord au midi, se dispersant sur toute l'étendue de ce vaste espace, partout où les conditions d'existence, propres à chaque espèce, sont assurées, on comprendra que, quelle que soit l'action de l'homme sur la nature, il n'en a pas autant qu'on serait tenté de le croire sur le monde des oiseaux. Il peut, dans une certaine mesure, modifier les choses qui sont à sa portée, sol, végétaux et animaux sédentaires; restreindre, annihiler même certaines espèces de ces derniers ; c'est ainsi qu'on nous dit qu'il a supprimé un jour le moineau franc dans un espace fermé de toute part, la Grande-Bretagne; mais il ne supprimerait pas aussi facilement le Moineau friquet, son voisin en espèce, pas plus que la Caille, la Bécasse et tous les autres oiseaux migrateurs, par la bien simple raison que cette masse mobile échappe à son action, dans sa généralité, par sa mobilité même. Il peut se faire qu'il détruise ou modifie les lieux de stationnement; mais la masse passe outre, car elle a l'espace pour domaine ; et quant aux déprédations humaines, avec une certaine réserve et sans trop d'optimisme, pourtant, la féconde nature, qui les a prévues, sait les combler : c'est pour elle un des mille accidents qui limitent cette race elle-même dans son système d'équilibre des utilités diverses.

Ceci a spécialement pour but de rassurer les esprits inquiets, Toussenel en tête, qui, par quelques méfaits exagérés de destruction, ou par les modifications locales, dont ils ne tiennent pas assez compte, voient en perspective la prochaine disparition des oiseaux, du moins dans notre monde civilisé. Cette crainte, à mon estime, tient à l'oubli d'une loi primordiale, que là où l'utilité cesse l'application du dérivatif disparaît, parce qu'il n'a plus de raison d'être, et beaucoup, en-suite, à l'imagination : on a entendu parler, on a vu soi-même, à de lointains intervalles, des foules d'oiseaux de passage, et, comme il n'en est pas toujours annuellement ainsi dans une même contrée, on en conclut trop vite que les races sont en dégénérescence. Les récents exem-ples de formidables migrations qui ont été cités, ainsi que la théorie sur la dissémination des oi-seaux, prouvent que les mêmes faits d'exubé-rance ne discontinuent pas de se produire à leurs intervalles ou sous des conditions spéciales, et que, selon toutes probabilités, il en sera encore de même pendant longtemps; et on peut ajouter à l'appui que cette crainte date de loin, sans que les oiseaux aient pour autant disparu. Les satyriques latins, Lampride, Suétone, Martial, reprochaient déjà aux Romains leurs goûts et leurs appétits destructeurs : et ils n'avaient point tort, si on se rappelle les festins d'alors, où les mets recherchés étaient des langues de Flamants, des cervelles de Faisans, etc., etc. Nous n'en sommes plus là, en fait d'exagération ou mieux de dévergondage du goût! — Au temps de Buffon, les mêmes plaintes étaient formulées et se motivaient par les destructions qui se commettaient, et cela depuis un temps immémorial, comme elles se commettent encore aujourd'hui, sur le littoral de la Méditerranée. — Et néanmoins les oiseaux subsistent, probablement sans avoir beaucoup diminué de nombre, si ce n'est localement par les nouvelles dispositions du sol.

Mais cette question touche de trop près à celle, fort en vogue aujourd'hui, de l'*utilité et de la protection des oiseaux*, pour que nous ne parlions pas de celle-ci comme conclusion finale.

*
* *

Dans l'espèce, comme disent les légistes, il faut
considérer l'action de l'homme sous deux aspects :
directement et indirectement.

Indirectement, lorsqu'il dessèche un marais, il
détruit par le fait un point de station ou un lieu
d'habitat pour toutes les espèces qui y faisaient
leur repos de migration ou qui s'y installaient
pour la reproduction : il ne faut donc pas qu'il
s'étonne de n'en plus revoir ou que fort peu dans
ce lieu ; ces oiseaux ont passé outre, comme il
vient d'être dit, sans être annihilés pour autant.
Lorsqu'il défriche une forêt, un espace buisson-
neux, une haie ; qu'il coupe un arbre là où il y en
a peu ou pas, il supprime le logis, le domicile de
tous les oiseaux qui s'y arrêtaient ou y demeu-
raient. Plus, si on considère le développement de
sa propre population, l'extension et la dispersion
de ses habitations, il tombe sous le sens que l'espace et les ressources se limitent d'autant pour
d'autres êtres : il est bien certain que lorsque la
plaine de Paris, excellent point de passage, soit
dit en passant, était déserte d'habitants humains,
elle était mieux peuplée en animaux sauvages, et
cela du petit au grand. — Eh bien, que là en-

core on se console : la civilisation, qui multiplie
l'action de l'homme, est plus qu'une compensation, et, dans le même espace, la population des
animaux domestiques, autrement et doublement
utile, est aujourd'hui bien plus considérable.
D'autre part, les oiseaux dont l'existence est com-
patible avec la sienne, rassurés par des mœurs
plus policées, reviennent d'eux-mêmes dans ses
murs, dans ses jardin : témoins les ramiers, si
sauvages de leur naturel, qui ont élu domicile
aux Tuileries et au Luxembourg. Puis, lorsque
l'homme replante, lorsqu'il reboise, parce que
cela lui est profitable, il reconstruit des abris,
des demeures pour les oiseaux percheurs. Grand
nombre d'autres, qui vivent à terre, trouvent
d'excellentes conditions d'existence dans ses cultures de hautes tiges : malheureusement il en est
une, la prairie artificielle, base d'utilité et de richesse pour lui, qui fait ombre au tableau. Mais
que, tout en prélevant le tribut que lui accorde la
nature sur les espèces, il respecte la reproduction, et le monde des oiseaux n'est pas près de
finir.

*
* *

Voyons maintenant l'action directe ou la destruction volontaire.

20

Tous les êtres animés, même les plantes, sont soumis à la loi fatale de sustenter leur existence les uns par les autres et de se limiter réciproquement, mais non de se supprimer, afin que le domaine commun, la terre, ne devienne pas l'apanage d'une seule et unique espèce. La nature y a pourvu par l'extrême abondance des générations, et elle seule les fait disparaître lorsque leur utilité générale a cessé.

Les oiseaux, dans cet ordre de choses, limitent la plante, les insectes, les bestioles et autres animaux : à leur tour, morts ou vivants, ils servent de nourriture à toutes ces espèces, même aux leurs.

L'homme, égoïste comme tous ses congénères en animalité, ne considère l'utilité que par rapport à lui. Celle des oiseaux est de trois sortes, avec une part de détriment : indirecte, directe et d'agrément. Examinons ces divers points; ils doivent nous conduire à la conclusion ; autrement nous ne saurions où la chercher.

*
* *

Tous les oiseaux sont insectivores, depuis les grands rapaces qui ne dédaignent point de croquer les gros insectes, quand ce ne serait que

pour se mettre en appétit (et nous avons dans
l'espèce des premiers sujets, tels que la Bondrée
apivore et les Pies-grièches), jusqu'aux plus petits
des passereaux, mais à des degrés différents :
les uns un peu, les autres beaucoup, d'autres complètement. Les Pics, les Hirondelles, sont dans ce
dernier cas ; les granivores et les baccivores le
sont seulement la moitié ou les trois quarts de
l'année, sous peine de mourir de faim. Les oiseaux,
dans leur généralité, sont donc particulièrement
les éliminateurs de cette race.

Les insectes sont nuisibles à l'homme de diverses manières : mais, pour rester dans la simpli-
cité de la question, ne parlons que des dégâts
qu'ils causent à ses plantes, à leurs graines ou à
leurs fruits. N'oublions point toutefois qu'ils ont
aussi leur part d'utilité, quand ce ne serait que
comme propagateurs de la fécondation.

Une grande partie d'entre eux, des myriades de
microscopiques et de minuscules, néfastes à l'économie végétale comme à l'économie animale,
exemple, le terrible *phylloxera*, échappe à l'atteinte
de l'oiseau.

D'autres sont à l'abri de la destruction par leur
extrême fécondité et la préservation qui est accordée à leur descendance. Depuis que le monde est
monde, les oiseaux n'ont jamais arrêté l'invasion

des sauterelles dans le Sud, l'apparition périodique des plaies de hannetons dans le Nord, ni d'autres fléaux d'insectes.

De même pour tous les autres : les oiseaux peuvent bien éliminer, restreindre, mais non annihiler : autrement leur raison d'être cesserait le lendemain, et ils disparaîtraient eux-mêmes.

Ainsi donc, à ce point de vue, ils nous donnent un concours, non un remède : telle est leur utilité indirecte. Et je suis singulièrement de l'avis de M. Pellicot, doublement autorisé dans la question comme observateur et comme agronome, Président du Comice agricole de Toulon, lorsqu'il dit dans son livre des Oiseaux migrateurs de Provence : « *Plus j'avance dans la vie et plus je demeure convaincu qu'en l'état de la société les oiseaux ne sauraient opposer une digne efficace à l'envahissement des insectes nuisibles ; il faut que l'homme se défende lui-même !* »

Il faut que l'homme avise lui-même : voilà le mot! et ne compte point trop sur le secours d'un auxiliaire bénévole et tout à fait fortuit, dans l'attente duquel s'endormirait son apathie. C'est comme s'il attendait un aide pour se débarrasser des puces, des punaises et autres vermines qui envahissent son domicile et sa propre personne, ou pour purger ses champs des herbes parasites.

Eh bien, à tout prendre, la civilisation, le progrès agricole, sont encore leurs propres éliminateurs. De ces derniers temps je vois les hirondelles devenir rares dans les rues de Paris ; depuis l'établissement des égouts souterrains, elles y manquent d'insectes. Du jour où l'intérieur de l'Afrique serait cultivé, disparaîtrait le fléau des sauterelles ; la charrue, qui met à découvert des milliards d'œufs et de larves, fait plus de besogne que des légions d'oiseaux qui séjournaient des mois sur le sol. Les enfants de nos écoles embrigadés et encouragés détruiraient plus de hannetons que tous les oiseaux du canton réunis : leur passion pour ce coléoptère est une précieuse indication.

Les oiseaux eux-mêmes nous en donnent une autre. Ils suivent en grand nombre nos labours ; c'est un des grands mérites qu'on leur fait. Mais nous avons sous la main, et à notre complet vouloir, un oiseau qui, lui aussi, est glouton de toutes les vermines : c'est la Poule ! Utilisons-la et, selon l'utilitaire pensée d'un agriculteur méritant de ce siècle, M. Giot, faisons suivre toutes nos charrues de *poulaillers roulants*. Mettons la Poule partout, tant qu'elle n'est pas nuisible ; c'est l'insectivorerie organisée, et la réalisation du rêve de Henri IV : *la Poule au pot !*

L'oiseau, considéré comme insectivore, a surtout cette spécialité au printemps, alors qu'il nous revient maigre et affamé par le voyage, que les autres nourritures lui font défaut et qu'il va avoir à fournir à celle de toute sa progéniture. Par contre, à l'automne, son utilité est mitigée par un détriment à nos récoltes, quelquefois dans une proportion sensible. Exemple : l'étourneau dans les vignobles.

Donc : RESPECT A L'OISEAU DU PRINTEMPS !

*
* *

L'homme, comme tous les autres êtres vit de la plante et des animaux, même parfois de ses semblables, à l'origine des sociétés, lorsqu'il n'a ni l'agriculture, ni l'industrie, qui multiplient ses ressources alimentaires et lui assurent le vivre. Il mange quelques sauterelles dans le désert, faute de mieux : on a essayé, dans ces derniers temps, de lui faire manger les vers blancs du hanneton, l'ennemi fieffé de ses récoltes ; mais cela n'a pas pris ; et par son peu de goût pour les mouches dans le potage, sa répugnance pour une foule d'autres, il doit être déclaré *insectiphobe*. Il n'en est pas de même à l'égard des oiseaux qui, par la délicatesse et l'esculence de leur chair, excitent au plus haut degré sa gourmandise. C'est là leur utilité directe,

Poulailler roulant.

un appoint très apprécié de nourriture ; et la nature ne pouvait dire plus clairement que l'homme
est à ses yeux un éliminateur de la gent aviale.
Mais comme elle est la source de sagesse et le grand
enseignement, elle lui a indiqué en même temps
ses restrictions. Nous en avons vu un premier
exemple dans ce fait approximatif jusqu'ici, que
ceux qui lui sont indirectement les plus utiles
sont le moins agréables à son palais, et cela selon
certaines nuances qui deviendront des données
positives lorsque la vie intime des oiseaux, pour
ainsi dire, nous sera mieux connue. La nature va
plus loin encore : ces auxiliaires, utiles au premier
chef dans le Nord, le devenant moins dans le
Midi, y sont moins coriaces et d'une assimilation
meilleure. Puis c'est à l'automne que ceux qui
peuvent lui devenir nuisibles ou inutiles sont dans
tout leur embonpoint, dans toute leur qualité.

Ces considérations et cette autre, d'une observation constante, que les oiseaux migrateurs ayant
à subir, dans leurs longues pérégrinations, des
avaries de toutes sortes : fatigues, intempéries,
abstinence, spoliations de leurs ennemis, mort
naturelle, reviennent au printemps en nombre
bien inférieur à celui du départ : nous en avons
pour preuve manifeste les Martinets, oiseaux de
grand et haut vol, des mieux organisés pour échap-

per à tous les périls ; ils sont partis augmentés de tous leurs descendants de la saison, et néanmoins, au retour, l'espèce n'est pas plus abondante : cet ensemble de considérations, dis-je, m'a conduit à établir depuis longtemps ce calcul que je crois au-dessous de la vérité, à savoir qu'un oiseau que nous détruisons à l'automne représente à peine le tiers d'un de ceux qui nous reviennent au printemps, tandis que celui-ci représente une unité entière, plus la part de reproduction à laquelle il va coopérer, c'est-à-dire, en moyenne, plus de dix sujets.

La nature pouvait-elle nous dire plus nettement : « Usez de l'oiseau a l'automne, respectez-le au printemps ! »

Je demande mille excuses pour ce langage sec et positif, mais on a écrit et dit, on dit et on écrit encore tant de choses étranges, inconscientes, sur ce sujet, que je tiens à être précis et bref.

*
* *

Les oiseaux peuplent et animent la nature. Ils nous charment et nous égayent par leurs grâces, la délicatesse de leurs formes et la vivacité de leurs allures, leur belle toilette et leurs coquetteries, leurs chants et leurs caquetages. Pour en jouir de plus près et plus constamment, nous les rapprochons de nous, nous efforçant de leur faire oublier la captivité par des soins assidus, par tout ce que nous pensons devoir leur être agréable, sans aucune pensée d'utilité ou de profit. C'est encore au printemps qu'ils sont dans tout l'éclat de leur parure, qu'ils ont les plus doux chants ; eux-mêmes, heureux de vivre dans toute la plénitude de leur existence, confiants dans l'intérêt qu'ils sentent qu'ils nous inspirent, ils perdent leur sauvagerie et viennent dans nos murs, sous nos toits, dans nos jardins, à notre portée, abriter leurs nids. A l'automne, il n'en est plus ainsi : préoccupés seulement de leurs besoins matériels, comme de pauvres diables qui voient la misère venir, ils redeviennent farouches ; le charme est rompu ; et par leur défiance ils semblent nous inciter à les poursuivre. La convoitise ou, si l'on veut, l'intérêt direct aidant, l'agrément se transforme et devient la chasse, avec ses entraînements, ses plaisirs et ses salutaires exercices.

Ainsi, par l'attrait, la nature nous dit encore et pour la troisième fois : « RESPECTEZ L'OISEAU AU PRINTEMPS ET N'EN USEZ QU'A L'ARRIÈRE-SAISON ! »

*
* *

Telle est la loi! la réelle protection des oiseaux que nous avons à traduire dans l'enseignement, dans la législation, par la suppression de toute destruction printanière. — Mais ne nous illusionnons pas encore : tant que cette maxime ne sera pas d'une application générale dans l'ensemble de notre continent, elle sera vaine pour les oiseaux migrateurs !

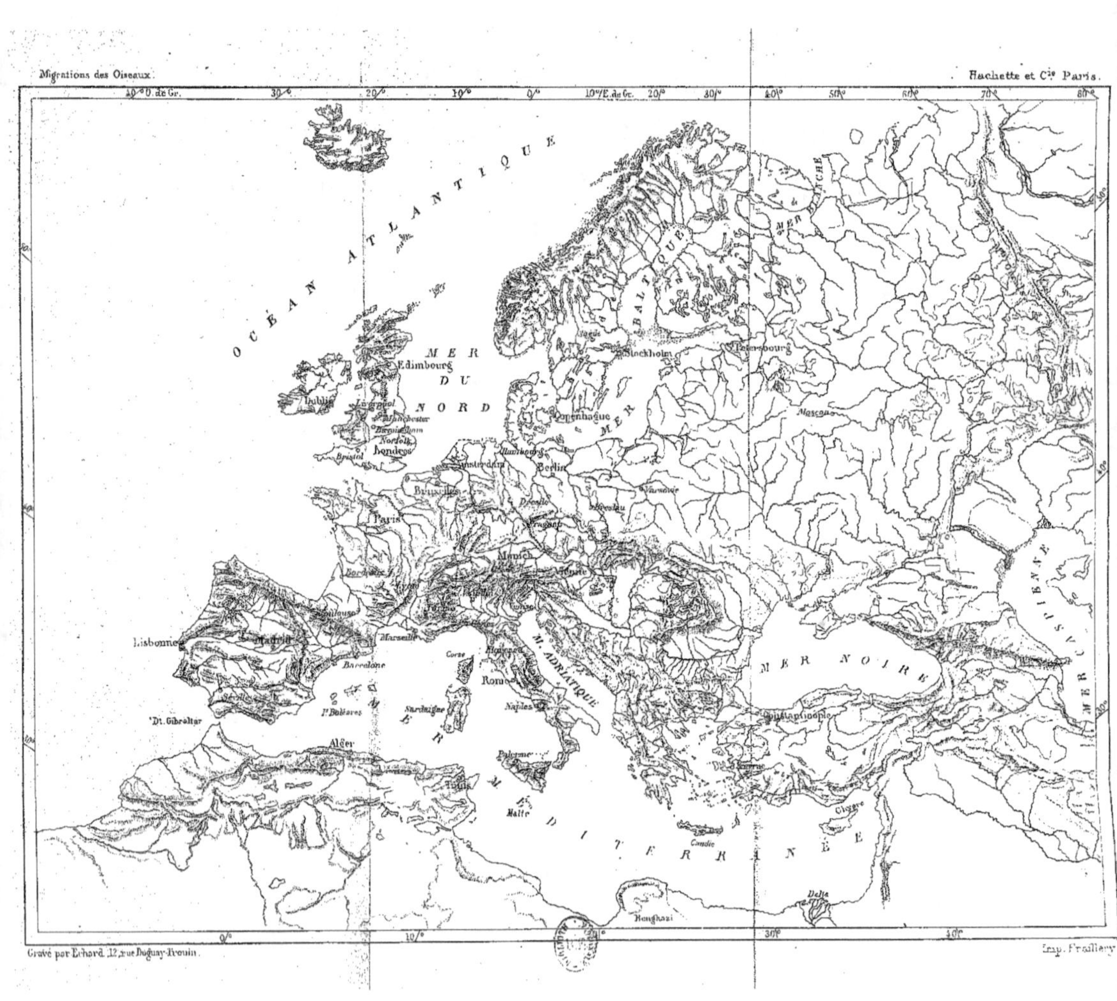
OCÉAN ATLANTIQUE
MER DU NORD
MER BALTIQUE
MER BLANCHE
Édimbourg
Dublin
Liverpool
Manchester
Birmingham
Norfolk
Bristol
Londres
Amsterdam
Bruxelles
Paris
Bordeaux
Toulouse
Lisbonne
Madrid
Barcelone
Dt. Gibraltar
Iˡᵉˢ Baléares
Alger
Marseille
Corse
Sardaigne
Munich
Vienne
Prague
Berlin
Hambourg
Copenhague
Stockholm
Pétersbourg
Moscou
Varsovie
Breslau
Gênes
Rome
Naples
Palerme
Malte
M. ADRIATIQUE
MER MÉDITERRANÉE
MER NOIRE
Constantinople
Smyrne
Chypre
Candie
Benghazi
Derna
MER CASPIENNE

TABLE DES MATIÈRES

PARIS — IMPRIMERIE A. LAHURÉ

Rue de Fleurus, 9.